Guido Tonelli

CHRONOS

———

Guido Tonelli

CHRONOS

―――――――

EINE PHYSIKALISCHE REISE
ZU DEN URSPRÜNGEN DER ZEIT

*Aus dem Italienischen
von Enrico Heinemann*

C.H.BECK

Titel der italienischen Originalausgabe:
«Tempo. Il sogno di uccidere *Chrónos*»
© Giangiacomo Feltrinelli Editore Milano
Zuerst erschienen 2021 bei Giangiacomo Feltrinelli Editore, Mailand

Für die deutsche Ausgabe:
© Verlag C.H.Beck oHG, München 2022
www.chbeck.de
Umschlaggestaltung: Rothfos & Gabler, Hamburg
Umschlagabbildung: Hintergrund: Komet Lovejoy, Teleskopaufnahme
vom 19. Januar 2015, © akg-images/Alan Dyer/Stocktrek images;
Motiv: Sonnenuhr an der Fassade der St.-Nikolaus-Kathedrale, Ljubljana,
Slowenien, 2021, © Pascal Deloche/Godong/Bridgeman Images
Satz: Janß GmbH, Pfungstadt
Druck und Bindung: CPI – Ebner & Spiegel, Ulm
Gedruckt auf säurefreiem und alterungsbeständigem Papier
Printed in Germany
ISBN 978 3 406 79184 0

myclimate
klimaneutral produziert
www.chbeck.de/nachhaltig

*Meinen tapferen Kindern
Diego und Giulia*

«O Zeit, du Verzehrerin der Dinge ...»
Leonardo da Vinci, *Codex Arundel*

ALICE: «Wie lange ist für immer?»
WEISSER HASE: «Manchmal nur für eine Sekunde.»
Lewis Carroll, *Alice im Wunderland*

«Forever is composed of nows.»
Emily Dickinson, *Poems*

«The time is gone, the song is over
Thought I'd something more to say.»
Roger Waters, *Time*

Einführung 9

Erster Teil Der Zauber der Kreisel

1. **Die Sehnsucht, die Zeit zu beherrschen** 18
   Wenn der Zauber zerbricht 21   Die Lebenszeit 24   Gefäße und Gräber: Die Geburt von Gegenwart, Vergangenheit und Zukunft 28

2. **Unsere Zeit** 34
   Der Zeitsinn 36   Als Chronos noch frei und wild umherstreifte 42   Die Zeit in einen Käfig sperren 47   Der Siegeszug des Chronos 54

Zweiter Teil Wo die Zeit stehenbleibt

3. **Das seltsame Paar** 60
   Die sich verflüssigende und zersplitternde Zeit 61   Die weichen Uhren 65   Eine fantastische Präzision 69   Mit der Relativität Geld verdienen 73   Große Philosophen und Rotkäppchen 76

4. **Die lange Geschichte der Zeit** 81
   Der Anbeginn der Zeit 83   Das Ende der Zeit 87   Die Zeit in der Welt der kosmischen Entfernungen 92   Wunderbare Illusionen und fantastische Schimären 97   Wenn die Energie von drei Sonnen leicht auf den Wellen der Raumzeit dahinsurft 100

5. **Wenn die Zeit stehenbleibt** 106
   Die Uhren der Pariser Kommune 108   Höllenorte, an denen die Zeit sich auflöst 112   Das spektakuläre Ende von Beteigeuze 117   Die Meister des Schreckens 123   Die Physik der Punkte ohne Zeit 128

Dritter Teil   Zwischen ephemeren Existenzen und ewigen Lebensdauern

6. **Leben als Teilchen** 136
   Eine Welt voller Extravaganzen 137   Explosionsartig zunehmende Massen und sich maßlos ausdehnende Zeiten 142   Kosmische Superbeschleuniger 148   Das kleine weiß-rote Ziegelhaus 152

7. **Die Zeit des unendlich Kleinen** 160
   Eine Handvoll Auserwählter 162   Im unfasslichen Reich des Ephemeren 167   Das halsbrecherische Leben der Myonen 172   Schönheit, Charme und Scham der Quarks 177

8. **Eine ganz spezielle Beziehung** 182
   Das Leben der Dioskuren 183   Kairos am Schopf packen 188   Die Zeit anhand der Energie messen 192   Die Streifzüge der Boten, die Schutzbefohlenen des Hermes 196   Das perfekte Paar 200

9. **Kann man den Zeitpfeil umdrehen?** 205
   Eine Gleichung offenbart eine Welt, von der niemand etwas ahnte 207   Der heilige Gral der Symmetrie 212   Das Geheimnis eines Gedichts oder eines guten Weines 219   Entropie und Unumkehrbarkeit der Zeit 225

10. **Der Traum, Chronos zu töten** 230
    Die uralte Sehnsucht, die Zeit anzuhalten 231   Die Mörder der Zeit 237   Nosferatu 242

Epilog: Die kurze Zeit 249

Danksagung 254

Einführung

Emilio Folegnani arbeitete in den Walton-Höhlen in den Apuanischen Alpen, in denen der berühmteste weiße Marmor der Welt gebrochen wird. Der stämmige Mann mit den Schwielen an den riesigen Händen war Steinhauer, ein heute ausgestorbener Beruf: Mit Holzhammer und Meißel richtete er frisch aus der Wand gebrochene Steinblöcke zu. Wie alle seines Berufs wirkte Emilio unbeirrbar, hart wie der Rohmarmor, den er aus dem Berg zog, und redete wenig. Meistens sagte er nur einzelne Wörter oder ab und zu einen kurzen Satz. Seine Arbeit war gefährlich: Er hantierte mit Dynamitstangen und riskierte wie alle in den Steinbrüchen sein Leben, wenn die gewaltigen Felsbrocken herumgewuchtet wurden. Menschen seines Schlags konnte eigentlich nichts erschüttern.

Im Frühjahr 1961, ein Jahr vor seinem Tod, redete er – was selten vorkam – mehr als fünf Minuten am Stück. Er schil-

Einführung

derte, was er am 15. Februar dieses Jahres gegen halb neun Uhr morgens erlebt hatte.

In den Wochen, in denen strengster Winter herrschte, ruhten die Arbeiten in den Gruben: Zu viel Schnee und Eis bedeckten die Hochlagen. Aber in dieser Zeit legte kein Arbeiter die Hände in den Schoß. Jeder hatte ein kleines Ackerstück vorzubereiten, um Kartoffeln, Kohl oder Tierfutter anzubauen.

Auch Emilio hielt sich auf dem Land, in Lo Scasso, auf, einem winzigen, stark abschüssigen Gut, das er in Jahren mühseliger Arbeit der Natur abgerungen hatte. Er hatte einen Hang gerodet, Steine abgesammelt und kleine urbare Terrassen angelegt. Als er mit Umgraben beschäftigt war, wurde plötzlich das Morgenlicht schwächer und verfinsterte sich schlagartig. «Das ist das Ende der Welt», dachte er, während ihm Tränen die Wangen hinabrannen. Er fiel auf die Knie, faltete die Hände und begann zu beten. Als er später die Begebenheit erzählte, spiegelten sich immer noch Angst und Aufregung in seinen Augen. Nach einer kurzen Zeitspanne, einer gefühlten Ewigkeit, erhellte wieder die Sonne die Erde, worauf alles zu neuem Leben erwachte.

Mein Großvater Emilio war zum ersten und einzigen Mal in seinem Leben Zeuge einer totalen Sonnenfinsternis geworden. In Ankündigungen in den Zeitungen und im Fernsehen war ausführlich über sie berichtet worden, aber die Nachricht war offenbar nicht bis in sein Dreihundert-Seelen-Dorf Equi, inmitten der Apuanischen Alpen, vorgedrungen. Vielleicht hatte sie auch nur ihn nicht erreicht.

Einführung

Wenn heute für irgendeine Weltregion eine Sonnenfinsternis angekündigt wird, löst dies große Erwartungen und Aufregung aus. Das Schauspiel wird aus jeder Perspektive aufgenommen, wobei dessen spektakulärer Aspekt jede mögliche Besorgnis überdeckt. So war es aber nicht immer. Das Zeugnis meines Großvaters macht deutlich, mit welcher Angst unsere Vorfahren darauf reagierten, wenn der regelmäßige Wechsel von Tag und Nacht oder die Aufeinanderfolge der Jahreszeiten plötzlich aus dem Rhythmus geriet. Überbleibsel dieser Urangst verspüren wir noch heute.

Wenn unerwartete Ereignisse den regelmäßigen Ablauf dieser wunderbaren Naturerscheinungen stören, meinen wir die Zeit aus den Fugen geraten zu sehen und befürchten, die ganze Welt könne in tausend Scherben zerspringen.

Dies geschieht jedes Mal, wenn über eine Gemeinschaft ein kleines oder großes Unglück hereinbricht. Wenn eine Explosion oder ein Erdbeben eine Stadt zerstört, bringt dies den Zeitsinn ihrer Bewohner, der ihr bisheriges Alltagsleben geregelt hat, aus dem Takt. Die Schilderungen Überlebender gleichen sich allesamt. Die Augenblicke der Angst verwandeln jede Sekunde in einen ewig langen Zeitraum, an den sie sich in allen Einzelheiten noch genau erinnern. Das Trauma unterteilt das Leben Tausender für immer in ein «Vorher» und ein «Nachher». Eine jähe Trennlinie liegt zwischen den beiden Phasen in der Existenz von Menschen, die nicht mehr dieselben sind. Die Katastrophe hat sie schlagartig verändert. Etwas ist unrettbar zerborsten, und die Zeit scheint einen ungeordneten und chaotischen Verlauf zu nehmen. Die unge-

Einführung

wisse Zukunft macht ihnen Angst, und die nicht mehr vergehende Vergangenheit gönnt ihnen keinen Frieden: Die traumatische Erfahrung, die sich den Menschen in der Panik ins Gedächtnis gebrannt hat, kehrt immer und immer wieder zurück.

In Zeiten der Pandemie zieht diese Erfahrung die ganze Welt in Mitleidenschaft. Wenn wir unser Leben von vor wenigen Monaten betrachten, scheinen Jahre vergangen. Die in den schlimmsten Tagen erlebte Angst, die wir überwunden glaubten, kehrte mit jedem erneuten Anstieg der Ansteckungsraten unverändert zurück. Besorgt fragten wir uns, was die Zukunft bringt, und blickten auf vieles zurück, das sich verändert hat und wohl nie wieder so werden wird, wie es war.

«Die Zeit ist aus den Fugen: Schmach und Gram, dass ich zur Welt, sie einzurichten, kam!» Als Hamlet diese Verse spricht, zeichnet sich bereits klar der Gang der Ereignisse ab, der die übrige Tragödie bestimmt. Gerade ist die schlimmste Heimsuchung geschehen, die eines Gespenstes, das in die Welt der Sterblichen eingebrochen ist. Der verstorbene Vater ist Hamlet erschienen, hat ihm die Wahrheit gesagt und von ihm Gerechtigkeit verlangt: Er ist von seinem Bruder Claudius heimtückisch ermordet worden.

Ein schreckliches Verbrechen hat die gewohnte Ordnung auf den Kopf gestellt. Das Gift, das dem König ins Ohr geträufelt wurde, hat die legitime Nachfolge vereitelt und den geregelten Generationenwechsel außer Kraft gesetzt, sodass jetzt alles wie Unkraut auf einem Misthaufen verrottet. Nun

Einführung

obliegt es dem widerstrebenden Hamlet, die Zeit in ihre Angeln zurück zu heben und der Wahrheit wieder Geltung zu verschaffen.

Kein anderer verstand es besser als William Shakespeare (1564–1616), die bedrückende und verstörende Atmosphäre von Epochen heraufzubeschwören, in denen der geordnete Zeitablauf aus den Fugen gerät. In Dänemark hat der Brudermord, dieser Gewaltakt gegen das eigene Fleisch und Blut, das Urvertrauen zwischen den Menschen erschüttert. Diese Art Verbrechen – Kains Untat als Inbegriff von allem, zu dem Menschen fähig sind – zersprengt den regelmäßigen Rhythmus, der die kosmische Ordnung regiert. Eine Plage kommt über die Welt. Anarchie und Chaos erschüttern die Gesellschaft in all ihren Gliedern und nisten sich tief in der menschlichen Seele ein. Die Zeit, vergiftet vom vergossenen Blut, durchtränkt die Geister und wird für alle zur tödlichen Gefahr. Um zu überleben, flüchtet Hamlet sich in den Wahn und nutzt die Erzählung als Ausweg: Als die Schauspieltruppe den Mord an seinem Vater auf die Bühne – Inbegriff dichterischer Fiktion – bringt, kommt die Wahrheit für alle ans Licht. Ein unübertreffliches Bild für die Kraft der Kunst, die Welt zu erlösen.

Vierhundert Jahre danach, in einem Zeitalter, in dem offenbar auch für uns die Zeit aus den Fugen geraten ist, setzen wir uns nun mit einem Rätsel auseinander, das die Menschheit seit Jahrtausenden beschäftigt. Was ist die Zeit? Können wir ihr unaufhaltsames Voranschreiten jemals zum Stillstand

Einführung

bringen? Lässt sich der Zeitpfeil umdrehen? Hat die Zeit wirklich eine eigene Existenz oder ist sie nur eine riesige Illusion?

Um in den Kern der Frage vorzustoßen, müssen wir nachvollziehen, wie der Zeitsinn entstanden ist und wann die Unterteilung in Vergangenheit, Gegenwart und Zukunft bei unseren fernen Vorfahren erstmals aufgetaucht ist. Dabei gilt es vor allem zu untersuchen, was die Zeit für die materiellen Objekte um uns herum darstellt.

Die moderne Wissenschaft ermöglicht es uns, die entlegensten Bereiche des Universums zu erkunden. Wenn wir Phänomene untersuchen, die sich auf subnuklearer Skala abspielen, zeigt sich die Zeit mit ganz anderen als den uns gewohnten Eigenschaften. Das Gleiche geschieht, wenn wir die riesigen Objekte, die den Kosmos in großen Entfernungen bevölkern, die Galaxien oder Galaxienhaufen, betrachten. In diesen beiden so weit auseinander liegenden Welten verbiegt, zerfließt und zersplittert dieser so harmonische und konstante Ablauf der Zeit, der uns seit Jahrtausenden fasziniert. Raum und Zeit erscheinen uns wie ein unauflösliches Paar; nicht wie ein abstraktes Konzept, sondern eine materielle Substanz, die das gesamte Universum durchdringt, vibriert, schwingt und sich verformt.

Gemeinsam werden wir die Zeit in ihrer langen Geschichte, ihre rasende Geburt und bizarre Entwicklung entdecken. In der Fantasie reisen wir an die Schreckensorte, an denen die Zeit stillsteht, und erkunden verblüfft ihre enge Beziehung zur Energie, eine, die so besonders ist, dass sie aus dem

Einführung

Vakuum ein herrliches materielles Universum hervorbringen konnte.

Die alten Griechen setzten Chronos, die personifizierte Zeit, mit dem Titan Kronos gleich, dem Sohn des Uranos und der Gaia, der die eigenen Kinder fraß, weil ihm prophezeit worden war, dass er von einem von ihnen dereinst entthront würde – so wie vormals er selbst seinen Vater in einem rebellischen Akt entmannt und dessen Platz eingenommen hatte. Da er seine Kinder als Unsterbliche nicht töten konnte, musste er sie verschlingen. Dieses schreckliche Bild spiegelt unsere tiefsten Ängste wider: dass die Zeit nicht nur uns zugrunde richtet und verzehrt, sondern auch unsere gesamte Nachkommenschaft und mit ihr die Werke, von denen wir glaubten, sie hätten ewig Bestand. Allein Zeus entgeht seinem Schicksal: Von seiner Schwestergemahlin Rhea getäuscht, verschlingt Chronos anstelle des Neugeborenen einen in eine Windel gewickelten Stein. Und so erfüllt Zeus die Prophetie, indem er seinen Vater berauscht macht, ihn fesselt und sich an seiner Stelle zum Herrn über die Schöpfung aufschwingt.

Seither kehrt in der Menschheit der Traum, Chronos zu stürzen, immer wieder zurück als die Sehnsucht, die Zeit aufzuhalten, oder die Illusion, sie an ihrem zentralen Platz in der Natur zu entthronen. Aber können wir uns von der Herrschaft des Chronos jemals befreien?

Erster Teil

Der Zauber der Kreisel

———

1

Die Sehnsucht, die Zeit zu beherrschen

Jacopo ist ein robustes kleines Kerlchen und mein jüngster Enkel. Er versprüht Energie aus allen Poren und ist – ein Riese in Miniaturformat – für seine achtzehn Monate deutlich zu groß. So verspielt und neugierig wie alle Kleinen seines Alters, schnappt er sich alles, was ihm unter die Finger kommt, und hantiert irgendwie damit. Wie viele ziehen auch seine Eltern und Großeltern durch die Läden und kaufen ihm teure bunte Holzspielzeuge. Diese wunderschönen Gegenstände sind mit Bedacht so konstruiert, dass sie die Neugierde der Kinder wecken und sie im Umgang mit den eigenen Händen schulen. Jacopo würdigt sie eines zerstreuten Blickes oder spielt ein paar Minuten lang lustlos an ihnen herum. Dann wendet er sich wieder seiner Hauptbeschäftigung zu.

Ihn ziehen die allereinfachsten Dinge an: Er sammelt Verschlüsse jeder Art, von Sektkorken bis zu Plastikdeckeln auf

Die Sehnsucht, die Zeit zu beherrschen

Milchflaschen. Er begeistert sich für zylindrische Behälter wie Mamas Hautcremedosen, interessiert sich aber auch für kleine Objekte mit unregelmäßigen Formen. Hauptsache, sie lassen sich in Kreisel verwandeln. Bei seinen Versuchen kommt er ihrer Symmetrieachse auf die Spur und probiert mit systematischer Entschlossenheit so lange an ihnen herum, bis es ihm gelingt, sie in die magische Rotation zu versetzen. Dann schaut er sie staunend an, wie sie sich in einem Gleichgewicht stehend um sich selbst drehen, mit Augen, aus denen Stolz auf den eigenen Erfolg spricht. Und dieses Manöver wiederholt er unermüdlich und zielgenau immer und immer wieder. Er ist beruhigt, dass der Zauber sich wiederholt, und zufrieden, dass ihm die Welt gehorcht.

Auch wir Erwachsenen fühlen uns von der vollkommenen Regelmäßigkeit periodischer Bewegungen unwiderstehlich angezogen. Obwohl die Naturwissenschaft und zahlreiche Erkundungsmissionen viele Geheimnisse des Mondes gelüftet haben, sind wir bei jedem Erscheinen des Trabanten am schönen Firmament noch immer bezaubert. Wie Jacopo blicken wir entzückt auf diesen wunderbaren Kreisel, der seine Bahnen um uns zieht, und lassen uns von der Wiederkehr seiner Phasen faszinieren.

Dieses Staunen über die Sonne, die ihren Lauf über den Himmel antritt, über die aufscheinenden Sterne in der Dunkelheit oder den Wechsel von Tag und Nacht hallt aus der Frühzeit der Menschheit noch tief in unserer Seele nach.

Die vollkommene Harmonie, in der uns die großen Himmelskörper umkreisen, übt seit Jahrtausenden eine hypnotische Wirkung auf uns aus. Die Mechanismen, die ihre Bewegungen regeln, blieben der Menschheit bis noch vor wenigen Jahrhunderten verborgen. Alles wurde zum göttlichen Wirken erhoben. Jede Kultur richtete einen eigenen Mythos auf und ordnete ein und demselben Gestirn einen Gott unterschiedlichen Namens zu: Ra bei den Ägyptern, Apoll bei den Griechen, Itzamná bei den Maya. Die Gottheit garantierte die Rückkehr des Lichts und den Wechsel der Jahreszeiten. Ihr Wohlwollen entschied über üppige Ernten oder ihre Missgunst über schreckliche Dürren. Das Wohl und Wehe ganzer Gemeinschaften hing von der periodischen Wiederkehr der Regenzeit oder der segensreichen und düngenden Flut eines Stromes ab. Über eine endlos lange Zeit bestand der schrecklichste Alptraum darin, dass die Sonne nicht zurückkehren und die Tage in ein endloses Dunkel stürzen könnten, entsetzlich für alle viehzüchtenden oder Ackerbau treibenden Bevölkerungen. Zur Abwehr dieses Übels wurden prachtvolle Tempel errichtet und gewaltige Zeremonien organisiert. Riten, Opferungen und Akte der Unterwerfung unter die Gottheiten, welche die Stabilität dieser Zyklen aufrechterhalten sollten, gaben dem Leben ganzer Kulturen den Rhythmus vor.

Die Sehnsucht, die Zeit zu beherrschen

Wenn der Zauber zerbricht

Unser Zeitgefühl, das sich an der regelmäßigen Aufeinanderfolge von Ereignissen orientiert, die sich seit Anbeginn der Menschheit wiederholen, wurzelt in dieser jahrtausendealten Geschichte. Was immer diesen perfekten mechanischen Ablauf bedrohte, gefährdete das Überleben der gesamten Menschheit. Nicht zufällig wurde die Macht in die Hände von Priestern und Astronomen gelegt, den Kundigsten darin, einen Kalender zu erstellen und den Geheimnissen dieser regelmäßigen Abläufe auf die Spur zu kommen. Wer die Gesetze des Vergehens der Zeit durchschaute, beherrschte die Welt. Wer in der Lage war, die sich unmerklich einschleichenden Unregelmäßigkeiten in der Abfolge der Tage und Jahreszeiten zu bereinigen, hatte gewaltige Macht über die Menschen.

Die zyklische Wiederkunft war Harmonie und Versicherung. Mit dem geheimen Wissen, wovon die geregelten Bewegungen der Gestirne abhingen, erkannten und beherrschen die Gelehrten die Abweichungen im Zeitablauf. Sie waren in der Lage, sie durch eine Kalenderreform zu beseitigen und außergewöhnliche Ereignisse wie Eklipsen vorherzusehen: die Nächte, in denen der Mond jäh seinen Glanz verlieren, oder die furchtbaren Tage, wenn sich die Sonne verfinstern und die Welt in Dunkelheit versinken würde.

Daraus speiste sich die okkulte und geheimnisvolle Macht der Eliten: Sie besaßen die Herrschaftsgewalt, weil sie die

Der Zauber der Kreisel

Gesetze der Zeit durchschauten. Ihnen wurde die Organisation der gesellschaftlichen Hierarchie anvertraut, weil sie Ordnung in die äußere Welt brachten, von der das Leben der gesamten Gemeinschaft abhing.

Wie wir heute wissen, steht hinter all diesen natürlichen Abläufen ein komplexes System aus Himmelskörpern mit den Menschen in seinem Zentrum: Die Erde dreht sich mit rund 1700 km/h um die eigene Achse. Begleitet vom Mond, ihrem großen Satelliten, umkreist sie mit über 100 000 km/h unsere Sonne. Und dieses gesamte System zieht seinerseits eine ungeheuer weite Bahn um Sagittarius-A*, das Schwarze Loch im Zentrum unserer Milchstraße. Dabei benötigt es trotz seiner gewaltigen Geschwindigkeit von 850 000 km/h für einen vollen Umlauf über 200 Millionen Jahre. Unsere Galaxis schließlich rast mit rund zwei Millionen km/h auf eine Zone mit hoher Materiedichte zu, in der sich der Große Attraktor, eine Familie aus Galaxienhaufen, sowie vor allem der Shapley-Superhaufen befindet, eine wahrhaftige Megalopolis aus Galaxien, die rund 600 Millionen Lichtjahre von uns entfernt liegt. Und um alles noch komplizierter zu machen, befindet sich unsere Galaxis in diesem wahnwitzigen Rennen offenbar auf Kollisionskurs mit der großen Andromedagalaxie.

Der regelmäßige Rhythmus unserer Zeit, seine fast vollkommene Periodizität, geht aus dieser verwickelten und komplexen Gesamtheit aus wunderbaren Kreiseln hervor. Auf einer Zeitskala beobachtet, die gegenüber den kosmischen Abläufen verschwindend gering erscheint, wirkt der von uns

Die Sehnsucht, die Zeit zu beherrschen

bewohnte Winkel des Universums friedlich und still. Obwohl der Mensch und seine Vorläufer ihn seit Millionen Jahren besiedeln, reichen die ersten Himmelsbeobachtungen, von denen wir Kenntnis haben, nur einige tausend Jahre zurück, eine sehr kurze Zeitspanne für ein System, das sich seit Milliarden Jahren weiterentwickelt. In unserer Unkenntnis und etwas überheblich meinten wir, die Verhältnisse, die wir in diesem winzigen Stück All beobachten, auf den gesamten Kosmos übertragen zu können. Wir stellten uns vor, der reibungslose und regelmäßige Ablauf der Zeit, der durch die so beruhigende periodische Wiederkehr von Phänomenen gegliedert wird, sei ein Merkmal des gesamten Universums.

Aber so ist es in Wahrheit nicht. Viel häufiger, als wir es uns vorstellen, ereignen sich im Chaos turbulenter Zonen ungeheure Katastrophen, deuten Beobachtungen darauf hin, dass in dunklen Bereichen Supernova-Explosionen ganze Sonnensysteme zersprengen, oder werden Ansammlungen von Sternen von aktiven Galaxienkernen verwüstet. Diese fernen Welten stellen unser Konzept von der Zeit als einem glatten, kontinuierlichen und geregelten Ablauf infrage.

Heute wissen wir, dass auch in unserem Sonnensystem geringfügige Veränderungen genügen würden, um dessen fragile Gleichgewichte zu zerstören. Wäre der Mond deutlich kleiner, hätte die Erde keine stabile Rotationsachse mehr. Unser friedlicher Begleiter stabilisiert die Drehbewegung unserer Erde zu der eines großen Kreisels und begrenzt ihre Schwankungen auf kleine Ausschläge gegenüber ihrer Orbitalebene. Dank dieses entscheidenden Effekts entstanden auf

Der Zauber der Kreisel

der Erde Klimazonen mit jahreszeitlichen Schwankungen, die in den tropischen und gemäßigten Zonen über sehr lange Zeitskalen beständig blieben. All dies spielte eine entscheidende Rolle dabei, dass sich extrem ausdifferenzierte pflanzliche und tierische Lebensformen entwickelten, deren jeweilige ökologische Nischen dauerhaft Bestand hatten. Wäre der Mond dagegen deutlich größer, würden große Gezeitenkräften an der Erde zerren und ihre Umlaufbahn erheblich stören. In beiden Fällen würde dies unseren Begriff von der Zeit als einem geordneten Zyklus ernsthaft infrage stellen.

Aber von alldem wussten wir über Jahrtausende nichts. Hätten wir nicht einen Winkel des Universums besiedelt, der von den periodischen, regelmäßig wiederkehrenden Phänomenen gekennzeichnet ist, die uns seit jeher faszinieren, hätten wir diesen gewohnten Zeitbegriff niemals entwickelt. Wir haben uns in der Illusion gewiegt, im Zentrum eines perfekt ausgeklügelten, ewigen und unveränderlichen Weltengetriebes zu leben. Deswegen packt uns die Angst, wann immer dieser Zauber zerbricht.

Die Lebenszeit

Als ich das Gemälde zum ersten Mal sah, stockte mir der Atem. Giorgione (1478–1510) ist ein mehr als großartiger Künstler, der uns wenige Werke hinterlassen hat. Von jung auf zählte ich ihn zu meinen Lieblingsmalern und suchte seine Arbeiten in sämtlichen Museen der Welt auf. Ich erinnere

Die Sehnsucht, die Zeit zu beherrschen

mich noch, wie aufgeregt ich war, als ich in der Galleria Palatina in Florenz seine *Drei Menschenalter* vor mir hatte. In einem klassischen Kunstgriff präsentiert uns dieses Werk eine Reflexion über die Hinfälligkeit des Menschseins. Ein und dieselbe Person ist als Jugendlicher, als erwachsener Mann und als Greis dargestellt. Mit der vollkommenen Natürlichkeit, mit der diese drei Figuren einträchtig beieinanderstehen, übertünchen sie die Absurdität, dass Momente, die in der Realität um Jahrzehnte auseinanderliegen, in einer Gleichzeitigkeit erscheinen. Links wendet sich der vom Alter gezeichnete Mann, der am Ende seines Lebens steht, aus der Bildebene heraus dem Betrachter zu und schaut ihm mit einem entschlossenen und leidenden Blick direkt in die Augen: «Und du glaubst, das betrifft nicht dich? Bildest du dir ein, du selbst hättest mit dieser Darstellung nichts zu tun?» Das Vanitasmotiv, eine schreckliche Mahnung an die Vergänglichkeit, sollte ein Jahrhundert nach Entstehung dieses Gemäldes für einen anderen Großen der Malerei zur Obsession werden.

Rembrandt van Rijn (1606–1669) hat uns rund ein Dutzend Selbstporträts hinterlassen: dreißig Radierungen, zwölf Zeichnungen und nicht weniger als vierzig Gemälde. Alles Werke, die er selbst ausgeführt und in der eigenen Sammlung behalten hat. Keines gelangte in die Hände der zahlungskräftigen Kunden, die aus ganz Europa Bilder bei ihm in Auftrag gaben. Und so sieht man noch heute, mit welcher Detailversessenheit er das unaufhaltsame Voranschreiten der Zeit zu dokumentieren versuchte. In farbigen Pinselstrichen

Der Zauber der Kreisel

ausgeführt, sind die erschlaffende Gesichtshaut, die sich auswölbenden Tränensäcke und die überall aufblühenden Äderchen, noch ehe Runzeln grassieren, die sichtbaren Anzeichen für den vorschreitenden Verfall der Lebenskraft. So schenkt uns Rembrandt eine meisterhafte Serie von Selbstporträts, fast in einer Vorwegnahme des heutigen Gesichtsmorphings, mit dem sich binnen Sekunden das glatte Antlitz eines Säuglings zum verfallenen eines Hundertjährigen entstellen lässt.

Das Gefühl für die eigene Vergänglichkeit im irdischen Dasein – wohl die verbreitetste der menschlichen Erfahrungen – fesselte die Künstler zu jeder Epoche und fasziniert sie bis heute, weil es alle an das grundlegendste Kennzeichen des Menschseins gemahnt. Wie es Lorenzo der Prächtige (1449–1492) in einem Sonett besingt: «Jedes Ding ist flüchtig und währet kurz, da Fortuna in der Welt so schlecht beständig; allein der Tod steht still und dauert ewig fort.»

Das Wissen um die eigene Hinfälligkeit und die Erwartung des unausweichlichen Endes lässt uns das Zerrinnen der Zeit mitunter auf dramatische Weise spüren. Die herannahende Nacht schärft das Bewusstsein dafür, dass unser einzelnes Leben – anders als die Zyklen von Geburt und Tod in der Natur – einer Geraden gleicht, die nicht gegen Unendlich strebt: Nach seinem Anfang endet es nach verschiedenen Etappen mehr oder weniger jäh und für immer. Uns zerrinnt die Zeit – und mit ihr das Leben – unerbittlich zwischen den Fingern.

Dieses Unbehagen brachte so Wunderbares wie gewaltige Denkgebäude, philosophische Systeme und Formen religiösen

Die Sehnsucht, die Zeit zu beherrschen

Glaubens hervor. Die Furcht, alles ende im Nichts, trieb die Genies zur Schöpfung *unsterblicher* Werke oder die Tapferen zu denkwürdigen Taten an, in der Hoffnung, sich für Jahrtausende ein Überleben in der Erinnerung zu sichern. Die zahlreichen Meisterwerke der Kunst, die wir noch heute, nach Jahrhunderten, bewundern, oder die tiefsinnigsten geistigen Elaborate sind die köstlichen Früchte dieser allzu menschlichen Angst.

Fragil und sterblich, erlebte der Mensch, der im grandiosen Schauspiel einer scheinbar vollkommenen und unveränderlichen Natur nur ein kurzes Dasein verbringt, diese Verhältnisse absoluter Vergänglichkeit als eine Niederlage. Das Schönste, das er je hervorbrachte, entsprang dem Traum, von seinem kurzzeitigen Durchmarsch eine unauslöschliche Spur zu hinterlassen. Seit jeher trotzen wir der Zeit, indem wir gewaltige Steinbrocken zu Kreisen aufrichten oder die Felswände finsterer Höhlen mit Tierdarstellungen bebildern. Im Versuch, mit der Ewigkeit periodischer Erscheinungen am Himmel zu konkurrieren, errichten wir gigantische Bauten oder Theorien zur Erklärung der Welt.

Von da aus entstanden Philosophie, Kunst und Wissenschaft wie auch die jahrtausendealten Religionen, die sich ein Leben nach dem Tod ausmalen. Wenn unsere individuelle Existenz nach ihrem Ende in verschiedener Form fortbestehen würde, könnten Ungerechtigkeiten und erlittenes Leid wiedergutgemacht werden. Die Einbettung in ein grandioseres Bild gibt den vielen unliebsamen Wendungen auf dieser Welt einen Sinn. Mit ihrer Trost spendenden Kraft lindern die Religionen den Schmerz und besänftigen die Angst, indem sie das Leben eines jeden von uns in einen größeren Entwurf einbinden.

Mit der Perspektive eines «Jenseits» wurden ethische Systeme, Verhaltensregeln, Verbote und Tabus errichtet, die ganze Kulturen auszeichnen. Eine Weltsicht, die die Existenz des Einzelnen in ein Gewebe der Ewigkeit einwirkt, ist mit der notwendigen Autorität ausgestattet, um Regeln zu erstellen und gesellschaftliche Hierarchien zu errichten, an die sich die gesamte Gemeinschaft zu halten hat. Dem beängstigenden Zerrinnen unserer Lebenszeit einen geordneten Ablauf zu geben, uns von der Angst zu befreien, dass wir nur auf einem bedeutungslosen Durchmarsch sind, legt als eine Vision ein Fundament, auf dem sich hochkomplexe Gemeinschaften errichten und grandiose Werke realisieren lassen.

Gefäße und Gräber:
Die Geburt von Gegenwart, Vergangenheit und Zukunft

Bestattungsrituale – uralte Praktiken, die bis zum Anbeginn der Zeit zurückreichen – belegen unmissverständlich, wie tief in uns modernen Menschen die gedankliche Untergliederung der Zeit in Vergangenheit, Gegenwart und Zukunft verwurzelt ist.

Die Entdeckung von Gräbern und bestatteten Leichnamen versetzt uns in ferne Kulturen, die wir in ihren einzelnen

Die Sehnsucht, die Zeit zu beherrschen

Merkmalen niemals vollständig rekonstruieren können, die aber mit Sicherheit Vorstellungen von einem Leben nach dem Tod beinhalteten. Wie Funde unwiderlegbar zeigen, wurden Begräbnisrituale schon von den Gruppen der Neandertaler gepflegt, die Europa bereits Zigtausende von Jahren vor Ankunft des Sapiens besiedelten. Skelette in Embryonalstellung, Spuren rötlichen Ockers, Muscheln und Reste von Blütenstaub erzählen uns von komplexen und aufwendigen Kulthandlungen. Auf diesem eiskalten Kontinent, überzogen von lebensfeindlichen Gletschern, kostete das schiere Überleben die kleinen menschlichen Gemeinschaften den Großteil ihrer Energien. Wenn sie auf Bestattungsriten beachtliche Mühen und Zeit verwandten, die der Suche nach Nahrung abgingen, spricht dies für deren grundlegende Bedeutung. Zeremonien schmiedeten die Sippe zusammen, deren gemeinsamer Kampf einen Pakt besiegelte, der den Generationen wechselseitige Unterstützung sicherte: Nach dem Heranwachsen übernahmen die Jüngeren den Schutz für die Gefährdetsten, die Alten und die Kinder.

Wir wissen über diese Zeremonien nichts und haben keine Ahnung, ob ein Schamane die Rituale leitete, welche Sprache ihnen diente und ob Klänge oder Tanz ihren Ablauf begleiteten. Aber die Überbleibsel der Leichname, die in Fötusstellung ihre letzte Ruhe fanden, und Malereien in der Farbe des Blutes ermöglichen sehr plausible Hypothesen. Alles deutet darauf hin, dass der Verstorbene auf eine Wiedergeburt vorbereitet wurde, nach einem als Übergang begriffenen Tod, der ihm eine Zukunft ermöglichte. Deswegen wurde er mit Beigaben geschmückt und wohl auch mit kleinem Gerät bedacht, um ins neue Leben zu treten. Gegenwart, Vergangenheit und Zukunft, Erzählung und Bestattung bildeten das Grundgerüst, auf dem die uranfänglichen Zivilisationen errichtet wurden. Deswegen können sie als die Fundamente der Menschwerdung gelten.

Ein weiteres greifbares und symbolträchtiges Zeugnis dieser neuen Organisation der Zeit ist die Erzeugung von Keramik. Die Einführung von Geschirr bildet einen Meilenstein in der Geschichte der Antike. Die ersten Gefäße markieren eine entscheidende Phase der menschlichen Entwicklung. Die kleinen Gruppen, die Behälter entwickeln, um Wasser oder Nahrungsvorräte zu verwahren, organisieren auf neuartige Weise den sie umgebenden Raum. Und diese Transformation wird sich als unumkehrbar erweisen. Es gibt kein Zurück. Der formbare Ton ermöglicht es ihnen, eine *Leere* zu erschaffen, einen Hohlraum hinter einer umschließenden Wand, welche die Welt in ein *Äußeres* und ein *Inneres* teilt. Und dieses Innere lässt sich *füllen*.

Diese neuartige Organisation des Raumes geht mit einer drastischen Veränderung des Zeitbegriffs einher: Die Trennung bricht mit der ewigen Gegenwart, die das Alltagsleben gekennzeichnet hat – «Es gibt Nahrung genug, essen wir alles» –, und weist der Zukunft einen zentralen Platz zu: «Wir essen heute nicht alles, vielleicht brauchen wir Vorrat für morgen.» Das Gefäß zeugt von einem planvollen Denken, der Idee einer Gruppe, die sich organisiert, um ihr eigenes

Die Sehnsucht, die Zeit zu beherrschen

Morgen aufzubauen. Und wir Heutigen nutzen diese geordnete Zeiteinteilung noch immer.

Im italienischen Wort für «Zeit» – *tempo* – klingen die griechischen Ausdrücke *témno* für «ich schneide», «ich teile» und *témenos* für «Umfriedung» nach, das für eine räumliche Trennung steht. Dagegen ist in der Vorstellung von der Gegenwart als einer Abfolge von Augenblicken – italienisch *attimi* –, von Momenten ohne Dauer, die gleiche Wurzel wie in Atom – *atomo* für «unteilbar» – enthalten. Die Feinheiten des Zeitbegriffs waren den griechischen Gelehrten des klassischen Altertums durchaus bewusst, weshalb sie nicht zufällig verschiedene Wörter verwendeten, um seine zahlreichen Bedeutungen hervorzuheben.

Chronos ist die dahineilende Zeit, die nach Anaximander unausweichlich mit dem Tod zum Absoluten zurückführt: dem letztendlichen Schicksal aller Wesen, die sich aus dem Unendlichen herausgelöst und als individuelle und differenzierte «Seinsheiten» konstituiert haben. Sie ist auch unsere Lebenszeit, die der Menschen, in der sich Geschichte entfaltet. Äon steht für die mystische und metaphysische Zeit, ein Begriff, der sich mit «Ewigkeit» oder einfach mit «Leben» übersetzen ließe. Er bezeichnet die zeitlose Zeit, den vollkommenen, für immer erstarten Augenblick, den personifizierten Lebensgeist im Kind, das bei Heraklit mit Würfeln spielt. Kairos ist für die Sophisten der geeignete Moment, ein zwischen Chronos und Äon liegender Augenblick im Zeichen des Hermes. Ein Augenblick ohne Dauer, so flüchtig wie der geflügelte Gott. Eniautos kann «Jahr», aber auch «Zeitabschnitt» bedeuten und ist ein Zeitmaß, das sich als ewiger Zyklus auch bis in die Unendlichkeit erstrecken kann.

Und sogleich tauchen in dem philosophischen Denken, das aus diesen Unterscheidungen hervorgeht, überall Fallstricke und Paradoxa auf. Für Parmenides ist Zeit nur eine Illusion, entsprungen dem Werden, das mit der Unbeweglichkeit des Seins kontrastiert. Er erachtet diese Unterteilung als absurd, weil in ihr die augenblickliche und außerhalb des Zeitablaufs befindliche Gegenwart zwischen einer Vergangenheit und einer Zukunft steht, die es beide nicht gibt, da die erste gewesen ist und die zweite erst noch werden muss. Platon wird das Dilemma zumindest teilweise lösen, indem er die Zeit als Abfolge von Gegenwart, Vergangenheit und Zukunft nur für die – unvollkommene und verderbliche – materielle Welt akzeptiert, während der Welt der Formen, der vollkommenen und unveränderlichen Essenz der Dinge, eine ewige und zeitlose Gegenwart zukommt. Im gleichen Fahrwasser unterscheidet Aristoteles zwischen der zyklischen Zeit, festgelegt durch die regelmäßige und vollkommene Bewegung der Himmelssphären, einerseits und dem ersten unbeweglichen Antrieb andererseits, der in der Ewigkeit, außerhalb der Zeit, seinen Platz hat. Diese Konzeption wird das abendländische Denken bis zum Heraufdämmern der Neuzeit beherrschen.

Als erster christlicher Denker verlegt Augustinus von Hippo (354–430) das Konzept der Zeit ganz bewusst in die Innenwelt: «Bekennt dir nicht meine Seele [...], dass ich die Zeiten messe.» Er stellt die Realität von Vergangenheit, Gegen-

Die Sehnsucht, die Zeit zu beherrschen

wart und Zukunft infrage, da die erste doch nicht mehr ist und die dritte noch nicht ist und auch die Gegenwart, falls sie immer präsent wäre und nicht zur Vergangenheit würde, auch keine Zeit mehr, sondern Ewigkeit wäre. Aber während Augustinus den Zeitbegriff im Kern zerlegt, gewinnt er ihn als eine Aufeinanderfolge von Bewusstseinszuständen wieder zurück: «Und doch [...] nehmen wir Zeiträume wahr.» Die drei Zeitstufen existieren nur in unserem Geist: «Gegenwärtig ist hinsichtlich des Vergangenen die Erinnerung, gegenwärtig hinsichtlich der Gegenwart die Anschauung und gegenwärtig hinsichtlich der Zukunft die Erwartung.»

Als Augustinus im 4. Jahrhundert die Zeit in die Innenwelt verlegt und sie auf eine Erweiterung der Seele reduziert, nimmt er damit vorweg, was die modernen Neurowissenschaften mit einer eindrucksvollen Fülle an Belegen uns als Erkenntnis vermittelt haben: die starke Präsenz des Zeitsinns in der menschlichen Wahrnehmung als ein für das Überleben der Spezies unverzichtbares Instrument.

2

Unsere Zeit

Wie zahlreiche Tier- und Pflanzenarten auf dem Planeten nehmen auch wir Menschen klar das Vergehen der Zeit wahr – eine Notwendigkeit, um Ereignisse in einen Zusammenhang zu stellen, sie in eine Abfolge zu bringen und ursächliche Beziehungen zu erkennen. So können wir Gefahren meiden und Chancen nutzen. In einem Wort: Diese Wahrnehmung ist ein wesentliches Instrument für das Überleben.

Viele Zyklen in unserem Körper laufen periodisch ab: der Herzschlag, die Atmung, der Wechsel von Schlaf- und Wachzustand. Die Kontrolle ihres regelmäßigen Ablaufs erfolgt fast immer unbewusst, aber schon die kleinste Störung genügt, um sofort die Alarmglocke schrillen zu lassen. Ähnliches geschieht auch mit Blick auf unsere äußere Umgebung.

Im Gegensatz zu unseren herkömmlichen Sinnen wie der visuellen Wahrnehmung oder dem Gehör haben wir für unseren Zeitsinn kein spezielles Organ. Verschiedene Hirn-

Unsere Zeit

regionen schätzen ein erwartetes Ereignis ein, vergleichen das vergangene Zeitintervall mit Daten im Gedächtnis, bringen Ereignisse in eine Abfolge und ordnen sie im Raum ein. An diesem hochkomplizierten Prozess wirken der gesamte Körper und sämtliche Sinne mit, während aber die wichtigste Funktion vom Gehirn übernommen wird. Beteiligt sind zahlreiche Areale des frontalen und des parietalen Cortex, aber auch die Basalganglien, das Kleinhirn und der Hippocampus, der dem Raumsinn vorsteht und die Affekte und das Gedächtnis organisiert.

Dass die Wahrnehmung der Zeit ein Produkt unseres Gehirns ist, bestätigte sich auf dramatische Weise durch Individuen, die schwere Hirnschäden davontrugen. Luise K. war eine vorbildliche Angestellte, die pünktlich ihre Aufgaben erfüllte. Nach einem Schlaganfall, Behandlungen und einer Auszeit zur Rehabilitation nahm sie ihre Arbeit ohne besondere Schwierigkeiten wieder auf – bis sie eines Tages vom Schreibtisch aufstand, um einen Eintrag im Kalender zu überprüfen. Ihren Kollegen fiel auf, dass sie über eine Stunde lang versonnen vor der Wand stand. In ihrer Wahrnehmung waren nur wenige Sekunden vergangen, aber in der geregelten Welt der Uhren hatte sie auf diese Handlung einen nicht unerheblichen Teil des Vormittags verwendet.

Manche Patienten mit Hirntumoren oder Unfallverletzungen zeigen einen frappierend veränderten Zeitsinn oder haben diesen sogar vollständig verloren. Dies macht ihr Leben besonders schwierig. Die einfachste tägliche Routine, wie zum Frühstücken aufzustehen oder sich vor der Nachtruhe zu entkleiden, gerät zu einer schwierigen Herausforderung. Jede Aktivität, die darauf beruht, dass genau definierte zeitliche Abläufe eingehalten werden, wie das Sprechen, das Gehen oder die Zusammenarbeit mit Menschen, wird zu einem Ding der Unmöglichkeit. Die Existenz Betroffener zerfällt zu einer zufälligen Aufeinanderfolge zusammenhangloser Ereignisse.

Der Zeitsinn

Die modernen Neurowissenschaften sind beim Verständnis, welche Prozesse ablaufen, wenn wir die Zeit «spüren», um Riesenschritte vorangekommen. Wie sich herausstellte, schließen Erinnerungen an Geschehnisse auch den Raum und die Zeit mit ein, in denen diese stattfanden, und auch unsere Träume sind in einer chronologischen Ordnung organisiert. Unser Zeitsinn ist sogar noch bei abgeschaltetem Bewusstsein aktiv, und zeitliche Abläufe werden von unserm Gehirn auch ohne äußere Wahrnehmung verarbeitet.

Um einigen der grundlegenden Mechanismen hinter dem Zeitsinn auf die Spur zu kommen, wurden zahlreiche Untersuchungen zum Verhalten von Tieren und sogar Experimente mit Insekten durchgeführt. Die Schlussfolgerung lautet, dass auch Lebewesen mit primitiveren Gehirnstrukturen als den unseren in der Lage sind, zeitliche Abläufe zu strukturieren, ihre Dauer einzuschätzen, Zeitabschnitte zu bestimmen und das Warten zu organisieren.

Unsere Zeit

Die häufigsten Beispiele sind Tiere, die an verschiedenen Plätzen Nahrungsvorräte für den Winter verstecken. Oder staatenbildende Insekten wie Ameisen, die mit komplexen hierarchischen Strukturen umgehen und sich im Labyrinth ihrer Nester zurechtfinden: Ohne einen starken zeitlichen und räumlichen Orientierungssinn wären diese Fähigkeiten unmöglich.

Manche Experimente an Mäusen, Tauben und vor allem Bienen haben geradezu Berühmtheit erlangt. An verschiedenen Plätzen zu unterschiedlichen Zeiten ausgelegte Nahrung lockte Bienen an, die genau zum richtigen Zeitpunkt dahin flogen, wo diese zu erwarten war. Tatsächlich wäre kein Insekt überlebensfähig ohne irgendeinen Mechanismus, der in Raum und Zeit Orientierung gibt. Bei einigen wurde sogar eine elementare Form der quantitativen Einschätzung – im Sinn von viel oder wenig – nachgewiesen, die sie bei ihren Entscheidungen leitete.

Die Rekonstruktion des zeitlichen Ablaufs von Ereignissen ermöglicht uns, kausale Zusammenhänge zu erkennen, und schafft Aufmerksamkeit: Ich weiß, was danach geschieht, und kann sogar einschätzen, bis wann es eintritt. Der Zeitsinn verschafft mir Vorteile bei der Nahrungsbeschaffung und ermöglicht es mir, eine Handlung vorzubereiten oder einer Gefahr zu entfliehen. Über unsere Gene sind wir an dieses grundlegende Instrument gelangt, um uns in der Welt zurechtzufinden.

Beim Aufbau des Zeitsinns im Menschen spielen Gefühle

und Erinnerungen eine wichtige Rolle. Deswegen kann die subjektiv empfundene von der von der Uhr gemessenen Zeit ziemlich deutlich abweichen. Verantwortlich ist eine ganze Reihe von Faktoren. Stressfrei und entspannt, schätzen wir Zeitspannen kürzer ein, als sie tatsächlich sind. Dagegen scheint die Zeit bei Bedrohungen, zum Beispiel durch einen Übeltäter, weitaus langsamer zu vergehen, weil die Angst jeden einzelnen Augenblick in die Länge zieht. Die traumatische Erfahrung brennt sich ins Gedächtnis ein, als hätten wir sie in Zeitlupe durchlebt.

Wenn wir eine wichtige Verabredung haben, schaltet unser Gehirn in den Wartemodus mit einer groben Vorausschau, wie lange das Warten dauern wird. Während die Zeit vergeht und die Ungeduld wächst, weil die betreffende Person nicht auftaucht, vergleichen wir wie in einem Automatismus die bisherige Wartezeit mit der vorhergesehenen und bewerten die Abweichung: Besorgnis stellt sich ein, weshalb wir zwanghaft immer wieder auf die Armbanduhr oder das Mobiltelefon schauen. Auch ein Warten kann sich wie eine Ewigkeit anfühlen.

Dank des Zeitsinns bringt das Bewusstsein Ordnung in die äußere Umgebung und organisiert sie zu einem Zusammenhang, aber auf jeweils unterschiedliche Art bei jedem Einzelnen. Die individuelle, subjektive und persönliche Zeit weicht deshalb von der objektiven der Uhren ab, weil unsere Empfindungen uns eine längere oder kürzere Dauer vorgaukeln können.

Noch spannender ist die Entdeckung der Illusion, die mit

Unsere Zeit

Blick auf Gegenwart und Gleichzeitigkeit herrscht. Wenn ich mich vor den Spiegel stelle und meine Nase berühre, sehe ich, wie sich mein Zeigefinger auf ihre Spitze legt, und spüre zur selben Zeit die Berührung. Aber der gesamte Eindruck ist eine Täuschung. Die visuellen und haptischen Signale sind mit jeweils unterschiedlicher Geschwindigkeit durch meinen Körper geleitet worden und in verschiedenen Hirnregionen gelandet. Diese haben sie unter Abgleich mit vormals abgespeicherten Erinnerungen und Erfahrungen verarbeitet und alle Daten nach einem Prozess der Synchronisierung ans Bewusstsein weitergeleitet. Und dieses vermittelt mir die Illusion, dass der Ablauf vor dem Spiegel und seine Wahrnehmung zeitgleich stattgefunden hätten. In Wirklichkeit hat der Verarbeitungsprozess eine halbe Sekunde in Anspruch genommen, die typische Verzögerung, mit der uns die Gegenwart bewusst wird. Die Gehirnabläufe, aus denen das Bewusstsein hervorgeht, korrigieren die Latenzzeiten, komprimieren die Übermittlungsdauer und löschen die Unterschiede aus, die zu einer inkohärenten Wahrnehmung der uns umgebenden Welt führen würden. In gewisser Hinsicht leben wir nie in der augenblicklichen Gegenwart, sondern in einer, die seit rund einer halben Sekunde vergangen und von unserem Gehirn zur Erinnerung verarbeitet worden ist.

Eine halbe Sekunde ist keine unerhebliche Zeitspanne. Ohne die halbautomatisierten Mechanismen, durch die wir auf ein Ereignis reagieren, noch ehe es uns bewusst geworden ist, bekämen wir Probleme. Sprinter, die sich zum Hundert-Meter-Lauf anschicken, reagieren auf den Startschuss in weniger als einer Zehntelsekunde. Mit individuellem Talent und ständigem Training haben sie ihre Reaktion so automatisiert, dass sie schon einige Meter gelaufen sind, wenn in ihr Bewusstsein dringt, dass es losgegangen ist. Ähnliches geschieht, wenn wir vor uns abrupt einen Wagen abbremsen sehen. Noch ehe uns so richtig klar wird, dass ein Auffahrunfall droht, treten wir in einem halbbewussten Reflex auf die Bremse.

Die Gegenwart, die wir erleben, ist folglich eine ziemlich komplizierte Täuschung. Aber auch unsere Vergangenheit ist ganz anders als dieser unveränderliche Katalog unserer Erfahrungen, als den wir sie uns vorstellen. Tatsächlich ist unser Gedächtnis plastisch: Jedes Mal, wenn wir uns an eine Episode erinnern, durchleben wir diese gewissermaßen neu und fügen dem ursprünglichen Erlebnis etwas hinzu oder lassen etwas weg. Unsere Empfindungen und sogar unsere augenblickliche Gemütsverfassung können die vergangene Erfahrung erheblich verändern. Schon der Geschmack eines in Lindenblütentee getunkten Gebäckstücks namens *Madelaine* genügte, um in Marcel Proust die Sehnsucht nach einer längst untergegangenen Welt heraufzubeschwören. Ohne dieses Zufallsereignis wären die Erlebnisse, die er in *Auf der Suche nach der verlorenen Zeit* so lebendig beschreibt, wohl auf ewig unter seinen Erinnerungen begraben geblieben.

Aber es gibt auch eine Vergangenheit, die niemals vergeht, wie Christian erfahren muss, der Protagonist in *Das Fest*, Thomas Vinterbergs filmischem Meisterstück von 1998. Als dem erstgeborenen Sohn fällt es Christian zu, auf der

Unsere Zeit

großen Feier zum sechzigsten Geburtstag des Familienoberhaupts die Glückwunschrede zu halten. Die Klingenfelds sind Stahlmagnaten. In diesem großbürgerlichen Milieu atmet alles Eleganz und geschliffene Manieren. Doch als Christian das Glas erhebt, gewinnt die nicht vergehende Vergangenheit die Oberhand und tritt wie ein angeschwollener Fluss über die Ufer. In eisiger Stille hält der Sohn seinem Vater den sexuellen Missbrauch vor, den er als Kind erlitten hat. Zunächst geschieht scheinbar nichts. Trotz der schrecklichen Vorwürfe nimmt das Mittagsmahl in einer surrealen Atmosphäre seinen weiteren Verlauf. Aber etwas zerbricht, und langsam driftet alles in die Katastrophe.

Sigmund Freud (1856–1939) erkannte als Erster, dass sich ein traumatisches Erlebnis für Jahre in den entlegensten Winkeln der menschlichen Seele festsetzen und jede Lebensenergie aufzehren kann. Vergraben im tiefsten Unbewussten, kann die Wunde eines verstörenden Erlebnisses jederzeit mit verheerenden Folgen wieder aufreißen. In unserer psychischen Zeit schleicht sich die Vergangenheit in die Gegenwart ein wie eine Schlange, die jederzeit zubeißen und ihr Gift verabreichen könnte.

Auch die Beziehung zur Zukunft ist keineswegs einfach. Das Kommende besteht für uns nicht nur aus den künftigen Erfahrungen und Ereignissen. Die Auseinandersetzung mit der Zukunft, die wir uns vorstellen oder die wir fürchten, bestimmt unsere Gegenwart mit. Unsere Erwartungen, Träume und uneingestandenen Ängste fließen in unser tägliches Erleben ein, als ein Gemisch, das sich mit neuen Erfahrungen anreichert und sich zu einer stimmigen Zukunft ausgestaltet.

Dass wir mit unserem gegenwärtigen Tun stets auch unser künftiges Leben beeinflussen und zuweilen sogar steuern, ist für jedermann offensichtlich. Aber zuweilen geschieht auch das Gegenteil, zum Beispiel wenn unsere Zukunftspläne durch ein unerwartetes Ereignis zunichte gemacht werden. In der Rückschau stellen wir dann womöglich fest, dass sich der zurückliegende Vorfall, den wir als echtes Unglück betrachteten, in Wahrheit als Chance erwiesen hat. Plötzlich sind Ziele in Reichweite gerückt, die wir uns nie hätten vorstellen können.

Kurzum, die Solidität unseres Zeitsinns steht außer Frage, aber die einhergehende Problematik ist weitaus komplizierter, als sie erscheint. Auch deshalb, weil wir in einer komplexen Gesellschaft leben, in der die Zeit über alle unsere Aktivitäten und sogar über unser Leben gebietet. Aber so war es nicht immer.

Als Chronos noch frei und wild umherstreifte

Am 10. April 1815 stieg über dem Vulkan Tambora in Indonesien eine gigantische Säule aus Rauch und Asche in die Höhe. Die gewaltige Eruption, eine der schlimmsten in der Geschichte, kostete zigtausend Menschen das Leben und veränderte rund um den Globus das Klima. Das darauffolgende Jahr 1816 blieb den Menschen auf der ganzen Welt als eines

Unsere Zeit

ohne Sommer im Gedächtnis, als das erste einer Serie mit Missernten und ungewöhnlich eisigen Wintern. Die Explosion hatte Massen an Gesteinsbrocken, Asche und andere Materialien in die Atmosphäre geschleudert – als ein Zeugnis der gewaltigen Zerstörungskraft von Vulkanausbrüchen. Aber deren Wirkung, so verheerend sie sein mögen, hält keinem Vergleich mit der Katastrophe durch einen Asteroideneinschlag stand.

Die letzte große kosmische Kollision, die unseren Planeten erschütterte, liegt 65 Millionen Jahre zurück. Damals schlug ein Asteroid mit einem Durchmesser von über 10 Kilometern auf der Halbinsel Yucatán in Mexiko in der Nähe des heutigen Dorfs Chicxulub ein. Was bei diesem Ereignis geschah, verraten uns Sedimentanalysen und Prospektionen, die überall auf der Welt durchgeführt wurden. Durch den Einschlag, bei dem ein Krater von 180 Kilometern Durchmesser und einer Tiefe von 30 Kilometern entstand, wurden über eine Million Kubikkilometer Material in die Höhe gerissen. Riesige Mengen an Staub verdunkelten für Jahrhunderte den Himmel. Durch die einhergehenden gewaltigen klimatischen Umwälzungen verschwanden die Dinosaurier – das letzte bekannte Massenaussterben auf unserem Planeten.

Als die ersten Hominiden auf der Erde auftauchten, war die Ära der großen Katastrophen seit geraumer Zeit vorüber. Nicht einmal unsere fernsten Vorfahren erlebten Perioden, in denen der verlässliche Wechsel zwischen Tag und Nacht für Jahrzehnte durch einen Kataklysmus aus dem Takt geraten wäre.

Der Zauber der Kreisel

Finstere Tage, häufig verursacht durch die Asche von Vulkanausbrüchen, sind im Verlauf der Geschichte für zahlreiche Länder dokumentiert. Aber diese Episoden gerieten rasch wieder in Vergessenheit, sobald Normalität einkehrte. Die Ordnung der Primaten, der wir angehören, hat sich an ein Leben inmitten eines geordneten und geregelt ablaufenden Systems gewöhnt, das uns unveränderlich erscheint.

In ihrer fernen Vergangenheit musste die Menschheit noch keinen Zeitablauf messen. Über Tausende von Generationen hinweg haben sich unsere Vorfahren als Jäger und Sammler bei ihren Aktivitäten am Zyklus von Tag und Nacht und am Wechsel der Jahreszeiten ausgerichtet. Sonne, Mond und Planeten bildeten die natürlichen Zeiger der großen Himmelsuhr, welche die Tagesabläufe bestimmte.

Der Zufall hat es so eingerichtet, dass sich unser Planet rund 365-mal um die eigene Achse dreht, während er auf der dritten Bahn des Sonnensystems einen vollen Umlauf um unser Zentralgestirn vollzieht. Noch kurioser, erscheint der Mond den Erdenbewohnern in der gleichen Zeit rund ein Dutzend Mal in vollem Glanz als ganze Scheibe. Diese beiden Rhythmen in Kombination begleiteten über Jahrtausende das Leben und Treiben der langen Reihe von Generationen, die uns vorangegangen sind.

In diesen weit zurückliegenden Epochen untergliederte die Zeit nichts anderes als die Aufeinanderfolge der Tage, die ihrerseits von der regelmäßigen und zyklischen Wiederkehr der Mondphasen und Jahreszeiten unterteilt wurde. Die Menschen erwachten bei Sonnenaufgang und aßen, wenn sie Hunger hatten und Nahrung vorhanden war, und legten sich bei hereinbrechender Dunkelheit wieder schlafen. Die biologische Uhr, eine Schöpfung der Evolution, war auf diesen natürlichen Kreislauf in vollkommener Harmonie abgestimmt.

Wie der Mensch brachten zahllose Spezies ihre Aktivitäten mit dem natürlichen Zyklus von Tag und Nacht in Gleichklang. Die Blätter so verbreiteter Pflanzenarten wie *Mimosa pudica* schließen sich bei Einbruch der Dunkelheit und öffnen sich mit dem ersten Morgenlicht wieder. Überraschenderweise behalten sie diesen Rhythmus auch dann noch bei, wenn ihnen das Licht dauerhaft entzogen wird – ein klarer Hinweis auf einen inneren Mechanismus, eine genetisch programmierte biologische Uhr, die unabhängig von Lichtsignalen tickt.

In irgendeiner Form müssen sich sämtliche Lebewesen an die täglichen Veränderungen anpassen, die von der Erdrotation herrühren. Die natürliche Selektion hat Zeitschalt-Gene hervorgebracht, die biochemische Abläufe in den Zellen steuern, deren Herausbildung bis weit in die Evolutionsgeschichte zurückreicht. Diese Prozesse vollziehen sich in 24-Stunden-Zyklen, in der am Tag ausgerichteten sogenannten *circadianen Rhythmik*.

Einer Hypothese zufolge soll die periodische Taktung für Protozellen einen Selektionsvorteil bedeutet haben, indem sie auf diese Art ihre DNA bei der Reduplikation vor der zerstörerischen ultravioletten Sonnenstrahlung schützten. Aber auch wenn manche Pilze tatsächlich ihr Erbgut in den Nachtstunden replizieren, haben wir wohl längst noch nicht sämtliche Feinheiten dieser Abläufe verstanden. Sicher nachgewiesen sind circadiane Uhren auch in prokaryotischen Cyanobakterien, einer der ältesten Lebensformen auf dem Planeten. Ihre Ursprünge reichen bis in die Zeit von vor 3,5 Milliarden Jahren zurück.

Daraus entstand auch die circadiane Rhythmik in uns Menschen, als ein komplexes Zusammenspiel aus Produktion und Suppression der Hormone Melatonin und Cortisol, mit Veränderungen der Körpertemperatur und von anderen Parametern, die mit dem Herz-Kreislauf-System zusammenhängen. Diese vollziehen sich im 24-Stunden-Rhythmus. In unserem Körper gehen Milliarden von Zellen zu Werk, die trotz ihrer Hochspezialisierung dieselbe Erbinformation tragen und jeweils eigenen Rhythmen gehorchen. Wie ein großer Orchesterdirigent koordiniert das Zentralnervensystem alle ihre Aktivitäten und kümmert sich um möglichst störungsfreie Abläufe.

Auch wenn die circadianen Zyklen im Menschen von ziemlich komplizierten Mechanismen gesteuert werden, bestehen keine Zweifel daran, dass wir nach unserer biologischen Programmierung tagaktive Wesen sind: Bei Helligkeit sind wir deutlich aktiver als in der Nacht. Unser Verhalten, unser Stoffwechsel und die Physiologie unseres Körpers sind synchron auf den 24-Stunden-Zyklus des Himmels abgestimmt. Unsere halbtransparenten Augenlider lassen rund zwanzig Prozent des Lichts passieren, sodass die Mechanik der neuronalen Abläufe, die von Licht und Dunkelheit gesteuert werden, auch

Unsere Zeit

im geschlossenen Zustand noch funktioniert. Selbst im Schlaf kommuniziert unser Gesichtsapparat mit dem Zentralnervensystem, um die circadiane Rhythmik mit dem Schlaf-Wach-Rhythmus in Einklang zu bringen. Deshalb hat jeder schon einmal die Erfahrung gemacht, dass er aus tiefstem Schlummer plötzlich erwachte, nur weil ein Vorhang nicht ganz zugezogen war und er von einem morgendlichen Sonnenstrahl getroffen wurde.

Jeffrey C. Hall, Michael Rosbash und Michael W. Young haben die molekularen Mechanismen aufgedeckt, die im Menschen die circadiane Rhythmik steuern, und bekamen 2017 dafür den Nobelpreis für Medizin verliehen.

Über weite Teile unserer Geschichte dienten wir uns selbst als unser Zeitmesser. Daran erinnert uns unsere innere Uhr, die wir jedes Mal durcheinanderbringen, wenn wir Nachtschichten schieben oder auf einen anderen Kontinent jetten, unerbittlich mit verschiedenen Formen des Unwohlseins.

Die Zeit in einen Käfig sperren

Wir wissen nicht, wo er gelebt und womit er sich beschäftigt hat, aber irgendwann kam ein Mensch auf den Gedanken, einen Stab in den Boden zu stecken und seinen Schatten zur Zeitmessung zu nutzen. Um sich zu orientieren, brauchte er nur einige ausgelegte Kieselsteine, die ihm eine ziemlich genaue Vorstellung von der noch verbleibenden Zeit für eine Tätigkeit gaben. Vielleicht war er Sammler gewesen und hatte sich von der Höhle seiner Sippe allzu weit entfernt. Oder ein Viehhirte, der auf der Suche nach neuem Weideland befürchtete, sich auf dem Rückweg zu seiner Behausung zu verirren, wenn er von der einbrechenden Dunkelheit überrascht würde. Aller Wahrscheinlichkeit nach hatte man seit Menschengedenken den Sonnenstand beobachtet, um einzuschätzen, wie lange es bis zur Abenddämmerung noch dauerte. Die Dunkelheit war gefährlich. Auf dem Weg zum Unterschlupf lagen womöglich nachtaktive Raubtiere oder Feinde auf der Lauer.

Die ersten Versuche, die Zeit dingfest zu machen – Chronos in einen Käfig zu sperren –, fanden mit der Erfindung von Sonnenuhren und dem Erstellen von Kalendern statt, die den Menschen schon Jahrtausende vor den ersten mechanischen Uhren zeitliche Orientierung gaben. Mit der landwirtschaftlichen Revolution, dem aufkommenden Handel, den ersten Städten und der Errichtung von Hochkulturen fanden sie explosionsartig Verbreitung. Dank neuer Anbaumethoden konnten große Bevölkerungsgruppen Nahrungsmittel und andere Ressourcen anhäufen, standen aber auch vor der Notwendigkeit, sich auf den Wechsel der Jahreszeiten einzustellen und die Perioden des Hochwassers von Flüssen vorherzusehen, um Aussaaten und Ernten zu planen. So wurden die Mondwechsel, die Sonnenwenden und die regelmäßig wiederkehrende Reifesaison für wilde oder kultivierte Früchte aller Art zur Grundlage einer neuen Beziehung zur Zeit.

Viele Kulturen knüpften ihren Gründungsmythos an einen Kalender, der für den Anbeginn der Zeiten ein festes

Unsere Zeit

Datumangab. Bei den Maya war dies der 11. August 3114 v. Chr., während die Bibel die Schöpfung der Erde auf den 6. Oktober 3761 v. Chr. legt. Für orthodoxe Juden, die dem traditionellen Kalender folgen, gilt dieses Datum bis heute.

Das älteste Zeitmessinstrument, belegt für Ägypten um 1500 v. Chr., war eine rudimentäre Sonnenuhr, die die Tageszeit anhand des Schattenwurfs eines Stabes oder Obelisken am Boden anzeigte. Um die Zeit zu messen, wurden auch Wasser- oder Sanduhren entwickelt. Als Grundlage für die ersten Kalender diente die scheinbare Bewegung der Sonne, das Verschwinden des Sirius am Himmel und der rund einen Monat umfassende Mondzyklus. Für die Ägypter begann das Jahr am 20. Juni, dem Tag, an dem die Nilschwemme Memphis erreichte, und unterteilte sich in drei Jahreszeiten zu je vier Monaten: die Überschwemmung, das Wiederauftauchen des Bodens und die Ernte.

Seit 2150 v. Chr. nahmen die Ägypter eine Untergliederung der Nacht in einzelne Abschnitte vor. Der Tag als Ganzes erhielt eine Einteilung in zwei gleiche Teile zu je zwölf Stunden. Die Untergliederung des Tages in vierundzwanzig Stunden geht mit Sicherheit auf die Chaldäer sowie die Assyrer und Babylonier um das 8. Jahrhundert v. Chr. zurück. Ihnen verdanken wir auch die Unterteilung der Stunde in sechzig Minuten und des Vollwinkels in 360 Grad.

Ab dem zweiten Jahrtausend v. Chr. verfügten die Assyrer und Babylonier über einen Mondkalender mit zwölf Monaten zu je neunundzwanzig oder dreißig Tagen. Jeden Monat wurden Vollmond und Neumond mit Festen begangen. Die

Der Zauber der Kreisel

Unterteilung des Kalenders in die vier Hauptphasen des Mondzyklus bildete die Regel. Schon unter Hammurabi um 1800 v. Chr. tauchte eine Opferung am siebten Tag nach Ende des ersten Quartals auf. Als später auch eine Feier zu Beginn des dritten Quartals eingeführt wurde, war die Sieben-Tage-Woche geboren. All dies gelangte auf verschlungenen Pfaden bis zu uns, auf dem Umweg über Juden und Griechen bis zu den Römern, die diesen Kalender über sämtliche Regionen ihres Reichs verbreiteten.

Dem Mythos zufolge wurde der römische Kalender von Romulus eingeführt, dem Gründer und ersten König der Ewigen Stadt. Ihr Gründungsdatum berechnete in der Zeit der Republik unter Gaius Julius Caesar ein bedeutender Gelehrter: Marcus Terentius Varro. Seither wurden die Jahre ab dem 21. April 753 v. Chr. gezählt und mit dem Zusatz *ab urbe condita* («ab Gründung dieser Stadt»), kurz AUC, versehen. Auf Julius Caesar geht die erste große Kalenderreform zurück, die denn auch nach ihm – die julianische – benannt wurde.

Die christliche Zeitrechnung, also die Praxis, den Beginn der Jahreszählung auf die Geburt Christi zu legen, wurde 525 n. Chr. von Dionysius Exiguus eingeführt, einem katholischen Mönch skythischer Abstammung, der nicht nur Astronom und Mathematiker, sondern auch ein Bibelexperte war. Einem ähnlichen Vorgehen folgte wenig später auch die islamische Welt, als sie den Anfang der Zeitrechnung auf 622 n. Chr., das Datum der Hidschra, legte, die Auswanderung Mohammeds von Mekka nach Medina. Am weitesten verbreitet ist heute der Kalender, den die Europäer auf den an-

Unsere Zeit

deren Kontinenten einführten, der gregorianische, der auf die Reform durch Papst Gregor XIII. von 1582 zurückgeht und eine Anpassung des julianischen darstellt.

Clock, der englische Ausdruck für «Uhr», leitet sich vom deutschen «Glocke» her und erinnert daran, dass in Europa seit dem Frühmittelalter über viele Jahrhunderte die Glockenschläge von Kirchen und Klöstern das Leben takteten. Glocken gaben den Abläufen bei Tag und Nacht ihren Rhythmus vor und kündigten mit großem Geläut Feste und politische Versammlungen an. Sie weckten die Menschen im Weiler zu Beginn des Tagewerks und kündigten den Sonnenuntergang an, zu dem alle in ihre Behausungen zurückkehrten. Hammerschläge riefen die Menschen zusammen, um eine Feuersbrunst zu löschen oder einen feindlichen Angriff abzuwehren. Und finstere Schläge forderten zum Gebet für einen Sterbenden auf. Der Klang der Glocken prägte sich so sehr ins Leben der mittelalterlichen Stadt ein, dass die daraus erwachsenden Gewohnheiten die Einführung der ersten Uhren um Jahrhunderte überdauerten.

Der Bau präziserer Zeitmesser wurde gegen Ende des Mittelalters notwendig, als die Städte wiederauflebten und ihre Wirtschaft erblühte. Schrittweise gewann die Zeit der Kaufleute gegenüber der der Kirche die Oberhand.

Die allerersten Uhren waren nicht nur geniale Erfindungen des menschlichen Geistes, sondern auch wahrhaftige Kunstwerke, aber für ihre Ganggenauigkeit bedurften sie einer ständigen Nachjustierung. Eingebaut in Kirch- und andere Türme an zentralen Plätzen der Stadt, kostbar ausge-

Der Zauber der Kreisel

schmückt mit Figuren, die mit mechanischen Bewegungen Stunden oder herausragende Momente des Tages anzeigten, riefen diese Zeitmesser Staunen hervor und zogen stets eine kleine Schar Kinder oder Bauern vom Land auf Besuch in der Stadt an. Als Sinnbilder des Wohlstands lösten sie freilich auch Neid und Konflikte aus. Fiel eine unterlegene Stadt im Krieg der Plünderung zum Opfer, bildeten die Uhren eine begehrte Siegestrophäe, die abtransportiert und zur Schau gestellt wurde. Den Glockenturm von Notre-Dame im französischen Dijon schmückt noch heute der berühmte Jacquemart der mechanischen Uhr, die viele als die erste ihrer Art in Europa ansehen. Als ein Wunder der Technik war sie im 14. Jahrhundert für die flämische Stadt Courtrai konstruiert worden. Als Philipp II., der Kühne, Herzog von Burgund, 1383 Flandern plünderte, ließ er sie ausbauen und in seine Hauptstadt überführen.

Die ersten mechanischen Uhren mit Zahnrädern waren mit einer Hemmung ausgestattet, einem System, das die Schwingungen der Unruh in die getaktete Bewegung des Uhrwerks übersetzt. Dank der Darstellung der Uhrzeit auf einem runden Ziffernblatt ließ sich auf einen Blick ablesen, wie spät es war und wie viel Zeit noch blieb, um eine Arbeit zu beenden.

Die Präzision der Uhrenmechaniken ermöglichte eine sehr genaue Zeiteinteilung und kam so einer Gesellschaft entgegen, die den Kontakten und dem Handel immer größere Bedeutung beimaß. Aus Werkstätten entwickelten sich erste große Manufakturen, die über Kontinente hinweg Geschäfts-

Unsere Zeit

beziehungen unterhielten, was genauere Zeitabstimmungen erforderte. Die ersten Minutenzeiger von Uhren tauchten gegen Ende des 17. Jahrhunderts auf. Bald darauf waren weiterentwickelte Geräte auch mit einem kleineren Sekundenzeiger ausgestattet. Dagegen war Galileo Galilei (1564–1642) bei seinen ersten Experimenten noch darauf angewiesen gewesen, die Zeitintervalle anhand seines Pulsschlags zu messen. Später konnte er mit einer Wasseruhr die Messgenauigkeit bei seinen Beobachtungen bis in den Bereich einer Zehntelsekunde steigern, präzise genug, um die Beschleunigung der kleinen Kugeln zu ermitteln, die er eine schiefe Ebene hinabrollen ließ. Seine Untersuchungen zum Isochronismus, wonach die Schwingungen eines Pendels unabhängig von der Weite seines Ausschlags immer gleich viel Zeit benötigen, gaben Anstoß zur Entwicklung immer modernerer Zeitmessgeräte. Diese steigerten die Genauigkeit astronomischer Beobachtungen und wurden für die Navigation grundlegend. Sie ermöglichten auf hoher See eine präzisere Bestimmung der geografischen Länge, entscheidend für den Erfolg der Hochseeschifffahrt, die sich im Anschluss an die großen Entdeckungsreisen entwickelte.

Der Zauber der Kreisel

Der Siegeszug des Chronos

Der Beginn der Industriellen Revolution markiert den Triumph der Zeit als eine allgegenwärtige und alle Aspekte des Lebens durchdringende Richtgröße: Sie bestimmt den Tagesrhythmus an den Arbeitsstätten, legt die Pausen der Beschäftigten fest, bemisst ihren Lohn und regelt und bestimmt auch präzise die Zeit für Erholung und Muße. Die Menschen, die davon träumten, Chronos zu bändigen – in den Käfig der Messgeräte zu zwingen –, entdecken mit Schrecken, dass sie in Wahrheit sich selbst eingesperrt haben. Tausende von Uhren halten Einzug in die Fabriken und die öffentlichen Plätze der Städte, rücken daraufhin in die Häuser ein und werden zu unverzichtbaren persönlichen Accessoires. Zunächst lugen sie aus den Taschen der Herren hervor und machen sich schließlich an jedermanns Handgelenk breit. Zeitmesser tauchen in jedem Betrieb, Transportmittel oder Kommunikationsgerät auf. Die Uhr bestimmt die Zyklen in den Prozessoren der Mobiltelefone, der Computer und der Satellitensysteme, in jeder nützlichen Maschine. Alles bewegt sich im Takt von Milliarden von Uhren. Wir stehen nicht aus dem Bett auf, wenn wir ausgeschlafen sind, sondern wenn der Wecker klingelt. Wir essen nicht, wenn wir hungrig sind, sondern wenn die Essenszeit da ist. Wir legen uns nicht schlafen, sobald wir müde sind, sondern wenn wir laut Uhr zu Bett gehen dürfen.

In der modernen Gesellschaft feiert Chronos seinen ab-

Unsere Zeit

soluten Triumph. Unser Zeitbegriff, den wir bei jeder alltäglichen Verpflichtung nutzen, setzt eine Art universelle Uhr voraus, deren Ticken unerschütterlich, präzise, gleichförmig und ohne jede Rücksicht voranschreitet. Wenn wir am Morgen verschlafen haben, machen wir uns hastig in dem Bewusstsein zum Büro auf, dass die angezeigte Zeit unserer Uhr oder unseres Mobiltelefons dieselbe ist, die unser Büroleiter verblüfft zur Kenntnis nimmt, wenn er auf unseren immer noch unbesetzten Schreibtisch blickt. Wenn wir ein Flugzeug pfeilschnell durch die Wolken ziehen sehen oder den Aufstieg einer Bergsteigergruppe bis auf den Gipfel beobachten, haben wir keine Zweifel daran, dass sie alle dieselbe Zeit ablesen würden, wenn sie auf ihre Uhren blickten.

Wenn wir dagegen von Rom nach New York jetten, wissen wir, dass zwischen beiden Städten sechs Stunden Zeitverschiebung zu berücksichtigen sind. Einige Tage lang erinnert uns unser Körper mit Hungergefühlen und Müdigkeit zur Unzeit daran, dass unser Planet idealer Weise in vierundzwanzig Zonen unterteilt ist, in denen jeweils andere Uhrzeiten gelten. Aber sobald wir uns umgestellt und eingewöhnt haben, läuft wieder alles glatt. Die neue Zeitzone ist immer auf die Greenwich Mean Time (GMT) abgestimmt, die man sich als die große Uhr vorstellen kann, die in perfekter Synchronie das Orchester sämtlicher Uhren der Welt dirigiert.

Wir leben in der Überzeugung, dass die Zeit absolut sei und überall gleich schnell vergehe, ob auf der Erde, dem Mond, dem Mars oder überall im Universum. Unbewusst stellen wir uns eine Art Nervenzentrum vor, das den Grundrhythmus vorgibt, nach dem sämtliche Abläufe in der universellen Ordnung im Gleichtakt tanzen.

Die theoretischen Fundamente dieser so verbreiteten Vorstellung legte Isaac Newton (1643–1727), der große englische Gelehrte, der in einer Veröffentlichung von 1687 eine seiner berühmtesten Behauptungen aufstellte: «Die absolute, wahre und mathematische Zeit verfließt an sich und vermöge ihrer Natur gleichförmig und ohne Beziehung auf irgendeinen äußeren Gegenstand. Sie wird auch mit dem Namen Dauer belegt.»

Um seine Bewegungsgesetze zu beschreiben, musste Newton Raum und Zeit zu absoluten Axiomen erheben, zu einem starren und unerschütterlichen Hintergrund, vor dem sich die Bewegungen abhoben. Der Parameter t, der die Zeit beschreibt, deren elementare Variation dt für eine Dauer steht, musste von jedwedem Ding unabhängig sein. Raum und Zeit wurden so zu ewigen und unzerstörbaren Behältern. Die Abläufe im Universum vollzogen sich in diesem unveränderlichen Szenario, das sich durch höchste Gleichmut auszeichnete. Newtons Zeit ist eine absolute, die von der kosmischen Materie völlig unabhängig ist, weswegen ihm sein Zeitgenosse, der Philosoph George Berkeley (1685–1753), vorwarf, er habe die Metaphysik wieder in die Naturwissenschaft eingeführt. Die absolute Zeit schließt eine Simultaneität der Ereignisse ein, sodass stets der genaue Augenblick bestimmbar ist, zu dem sich zwei parallel verlaufende Phänomene ereignen, auch wenn sie sich in größter,

Unsere Zeit

theoretisch sogar in unendlicher Entfernung voneinander abspielen. Dieser Ansatz ist uns am vertrautesten. Ihm verdanken wir es, dass wir – diese seltsamen anthropomorphen Affen – das Bewusstsein für die Zeit als ein Instrument nutzen konnten, um unser Überleben als Spezies zu sichern und nachfolgend jede ökologische Nische auf dem Planeten zu besetzten.

Aber gerade in jener Epoche, in der wir die Zeit dadurch zu beherrschen glaubten, dass wir sie in immer kleinere Einheiten unterteilten, uns einbildeten, wir hätten sie dingfest gemacht, entschlüpfte sie uns wieder aus den Händen. Tatsächlich geriet die Konzeption von der absoluten Zeit durch die moderne Physik unter Beschuss. Ausgerechnet im Augenblick ihres größten Triumphs, als Chronos sämtliche Abläufe im Leben der Gesellschaft beherrscht, als ihre letzten Feinheiten mit scheinbar grenzenloser Präzision ausgelotet werden, gerät sie in die Krise. Sie beginnt zu wanken, verkrümmt sich und zerspringt am Ende in tausend Scherben.

Zweiter Teil

Wo die Zeit stehenbleibt

————

3

Das seltsame Paar

Albert Einstein (1879–1955) bekam von der «New York Times» ein berühmtes Zitat zugesprochen, obwohl es keinerlei direktes Zeugnis dafür gibt, dass er dergleichen jemals gesagt hat. Aber es wird oft angeführt, weil es schon immer die Fantasien beflügelt hat: «Sitzt man zwei Stunden mit einem schönen Mädchen zusammen, meint man, eine Minute sei vergangen. Sitzt man jedoch eine Minute auf einem heißen Ofen, kommt einem diese wie zwei Stunden vor. Das ist die Relativität.» In Wahrheit hat dies rein gar nichts mit der Theorie von Einstein zu tun, die unsere Betrachtungsweise der Zeit verändert hat.

Newtons absolute Zeit hat beste Dienste geleistet, um immer komplexere menschliche Gesellschaften zu errichten. Indem wir unsere Aktivitäten im gleichlaufenden Takt einer Vielzahl von Uhren organisierten, gelang es uns, jede Region der Erde mit Milliarden Individuen zu bevölkern. Aber das

Das seltsame Paar

großartige Gedankengebäude um die Zeit, so solide errichtet, wurde von einem scheinbar bedeutungslosen Detail zum Einsturz gebracht. Geschehen ist dies in den ersten Jahren des 20. Jahrhunderts, als einige Wissenschaftler dem Elektromagnetismus auf die Spur zu kommen versuchten. Unter ihnen erkannte Einstein als Erster, dass man sich in einem Geflecht aus Paradoxa verstrickt, wenn man die Zeit weiterhin als *absolut*, also frei von jeder Beziehung zur Materie, begreift, als etwas, das von einer unbeirrbaren Uhr gemessen wird, deren Zeiger stets mit einer gleichbleibenden Geschwindigkeit voranrückt, die nichts und niemand verändern kann.

Die sich verflüssigende und zersplitternde Zeit

Für Newton und Galilei lagen die Dinge einfach: Wenn ich mich hinstelle und einen Stein werfe, der in seinem Flug relativ zum Boden eine Geschwindigkeit von 30 km/h erreicht, dann fliegt er mit 80 km/h davon, wenn ich ihn mit gleicher Kraft von einem mit 50 km/h dahingaloppierenden Pferd losschleudere. Alles klar und für jeden nachprüfbar. Hier liegt die sogenannte Addition der Geschwindigkeiten vor.

Aber wenn der Reiter dieselbe Übung nicht mit einem Stein, sondern mit Photonen, Lichtteilchen, durchführt, wenn er also kurz gesagt eine Taschenlampe oder einen Laserpointer einschaltet, dann liegen die Dinge radikal anders. Elektro-

Wo die Zeit stehenbleibt

magnetische Phänomene, die von bewegten Körpern ausgehen, sind voller Tücken, denn die Ausbreitungsgeschwindigkeit von Licht im Vakuum ist konstant und immer gleich *c*. Nichts erreicht eine höhere Geschwindigkeit.

An diesem Punkt sitzen wir in der Falle: Entweder verzichten wir auf die Annahme, dass die Lichtgeschwindigkeit konstant ist, oder wir müssen schlussfolgern, dass sich für den dahingaloppierenden Reiter Raum und Zeit verformen. Nur auf die Art lässt sich die Behauptung rechtfertigen, dass das Licht seine Ausbreitungsgeschwindigkeit nicht erhöht, obwohl das Lasergerät, das es ausstrahlt, sich mit der gleichen Geschwindigkeit wie das Pferd bewegt. Der vom Licht pro Sekunde zurückgelegte Weg bleibt gleich lang. Von außen betrachtet, zieht sich für den Reiter der Raum zusammen, wohingegen die Zeit sich ausdehnt. Vereinfacht gesagt, geht die Uhr am Handgelenk des Jockeys langsamer als die baugleiche des Beobachters, der sein Rennen mit dem Fernglas verfolgt.

Dies verblüfft und verstört uns schlicht deshalb, weil wir derlei in unserer Welt noch nie erlebt haben. Aber könnten wir uns beispielsweise mit der Geschwindigkeit der Elektronen bewegen, die in Krankenhäusern in den Geräten für Röntgenaufnahmen genutzt werden, wären wir gar nicht so überrascht. Es wäre Teil unserer Erfahrung mitzuerleben, dass alles uns Umgebende seine Form verändert, und es wäre für uns eine Selbstverständlichkeit, dass Uhren in verschiedenen Bewegungszuständen unterschiedlich schnell gehen. Aber so ein Erlebnis war noch keinem von uns vergönnt, weil wir dafür einfach zu schwer sind.

Das seltsame Paar

Die Relativitätstheorie versetzt Newtons absoluter Zeit einen schweren Schlag. Sie verliert nicht nur ihre Starre und Unbeweglichkeit, sondern auch ihre Unabhängigkeit vom Raum. Raum und Zeit erweisen sich als eng miteinander verflochten und hängen beide von der Bewegung der Körper ab. Für ein Objekt, das sich in Bezug auf einen äußeren Beobachter bewegt, dehnt sich die Zeit aus, und der Raum zieht sich in Richtung der Bewegung zusammen. Beide Phänomene sind eng miteinander verbunden, denn nur so ist zu erklären, warum die Lichtgeschwindigkeit in allen Inertialsystemen konstant bleibt, also in Bezugssystemen, in denen sich Körper in Ruhe befinden oder sich gleichbleibend und geradlinig fortbewegen. Damit gibt es keine Zeit mehr, die für sämtliche Beobachter im Universum identisch wäre.

Die Konsequenzen sind verstörend: Zwei Ereignisse, die in einem Bezugssystem zeitgleich stattfinden, ereignen sich mit Blick auf ein anderes womöglich zeitversetzt. Newtons universelle Uhr zersplittert: Die Zeit zerfällt in eine Fülle lokaler Zeiten, sodass dieses geordnete und kohärente System, das wir uns vorgestellt haben, aus den Fugen gerät. Der Beobachter in Bewegung sieht örtlich zeitgleich stattfindende Ereignisse in einer zeitlichen Aufeinanderfolge.

Aber bis zu welchem Punkt können die gewöhnlichen zeitlichen Abfolgen auf die Art verzerrt erscheinen? Ist ein Beobachter in Bewegung vorstellbar, für den die Zukunft der Vergangenheit vorangeht? Lässt sich sogar das Kausalitätsprinzip aushebeln?

Zu unserem Glück ist dies unmöglich. Keine ursächlich zu-

Wo die Zeit stehenbleibt

sammenhängende Abfolge wie das Vorher und das Nachher, wie Ursache und Wirkung, kann umgedreht werden. Kein Beobachter, der den Planeten Erde aus der Ferne betrachtet, könnte zunächst mich, der ich mit meinen Kindern spiele, und wenig später meine Eltern sehen, wie sie sich den ersten Kuss geben. Dass dies unmöglich ist, rührt ebenfalls von der Tatsache her, dass kein Phänomen mit einer höheren Geschwindigkeit als c eintreten kann. Sähe jemand die Wirkung nach der Ursache, zum Beispiel den im Tor landenden Ball vor dem Schuss, mit dem ihn Cristiano Ronaldo von der Elfmetermarke aus hineinplatziert hat, müsste dieser Schuss mit Überlichtgeschwindigkeit erfolgt sein. Dies verbietet die Relativitätstheorie selbst den besten Torschützen. Als Konsequenz dieser Beschränkung sieht jeder Beobachter in einem beliebigen Inertialsystem zwangsläufig die Ursache vor der Wirkung.

Als eine weitere Konsequenz der Speziellen Relativitätstheorie wird c zur Grenzgeschwindigkeit für materielle Körper, die mit Masse ausgestattet sind. Nur masselose Objekte wie Photonen vermögen mit c dahinzueilen. Alle anderen Körper oder Teilchen können sich der Lichtgeschwindigkeit annähern, erreichen sie aber niemals. Beschleunigt man einen Körper konstant, nimmt mit seiner steigenden Geschwindigkeit auch seine Energie zu. Aber wenn die Geschwindigkeit nicht weiter steigen kann, verwandelt sich die zugeführte Energie in Masse. Jeder beliebige Körper, der sich relativistischen Geschwindigkeiten annähert, legt unverhältnismäßig an Masse zu: Energie und Masse bezeichnen auf zwei unterschiedliche Arten ein und dasselbe Ding: $E = mc^2$.

Das seltsame Paar

Als wären diese ersten erschütternden Einsichten nicht spektakulär genug, so versetzte Einstein zehn Jahre später Newtons Physik einen zweiten und diesmal tödlichen Schlag. Für die Spezielle Relativitätstheorie sind Raum und Zeit untrennbar miteinander verknüpft und bilden eine kontinuierliche und vierdimensionale Struktur: die *Raumzeit*. Die erste Formulierung dieser neuen Darstellung ist dem deutsch-russischen Mathematiker Hermann Minkowski (1864–1909) zu verdanken, der im heutigen Litauen zur Welt kam. Als er seine Idee am 21. September 1908 – wenige Monate vor seinem Tod durch einen banalen Blinddarmdurchbruch – auf der Versammlung der Gesellschaft Deutscher Naturforscher und Ärzte in Köln vorstellte, zog er aus ihr hellsichtig die Konsequenzen: «Von nun an sind der Raum für sich und die Zeit für sich dazu verdammt, in bloße Schatten zu verschwinden, und nur eine Art Vereinigung der beiden wird eine unabhängige Realität bewahren.» Wie die Legende will, soll er sich auf dem Sterbebett zwischen den heftigen Schmerzattacken seiner Bauchfellentzündung weitere Notizen gemacht und Berechnungen angestellt haben, um seine Theorie weiterzuentwickeln.

Die weichen Uhren

Portlligat ist ein winziges Dorf in Katalonien, wenige Kilometer von der französischen Grenze entfernt. Als hier 1930 Salvador Dalí (1904–1989) eintrifft, ist er so entzückt, dass er

Wo die Zeit stehenbleibt

sich ein kleines Fischerhaus kauft und mit Gala, wie er seine Lebensgefährtin und Muse Elena Iwanowna Diakonowa nennt, nach hierher übersiedelt. Beide sind tief im surrealistischen Milieu verwurzelt, in der Kunstströmung, die 1924 vom Dichter und Schriftsteller André Breton (1996–1966) und Paul Éluard (1895–1952) gegründet worden ist. Mit Letzerem war Gala verheiratet, ehe sie sich Dalí anschloss. Stark beeinflusst von Sigmund Freuds Werken über die Psyche, schaffen die Surrealisten in ihren Arbeiten viel Platz für die Welt des Unbewussten: Sie entwickeln Techniken des psychischen Automatismus, stellen Traumbilder ins Zentrum ihrer Darstellungen, wenden sich gegen jedwede Kontrolle des künstlerischen Ausdrucks durch den Verstand und lassen der beschwörenden Kraft der Träume freien Lauf.

Im Jahr 1931 bemalt Dalí in seinem Haus am Meer eine kleine Leinwand von 24 × 33 cm, die später zu einem seiner berühmtesten Gemälde avanciert. Den Hintergrund bildet die maritime Landschaft Portlligats, mit einem menschenleeren Strand mit Klippen, eingetaucht in ein transparentes und melancholisches Licht. Im Vordergrund sind eine geometrische Struktur, ein kahler Baum und drei deformierte, wie zerflossen wirkende Uhren abgebildet. Offenbar noch funktionstüchtig, zeigen alle eine andere Zeit an. Über eine vierte, auf dem Ziffernblatt liegende Taschenuhr machen sich Ameisen her. Auf dem Boden liegt eine undefinierbare Form, vielleicht ein Fragment eines Selbstporträts des Künstlers im Profil. Lange Zeit hieß das Gemälde *Die weichen Uhren*. Dalí benannte es später in *Die Beständigkeit der*

Das seltsame Paar

Erinnerung um, ein Titel, unter dem es heute im New Yorker Museum of Modern Art ausgestellt ist.

Um die Entstehung des Gemäldes zu erläutern, erzählte Dalí Jahre später mit provokantem Unterton, auf die Idee zu diesen weichen Uhren habe ihn ein gemeinsames Abendessen mit Gala gebracht, das von bestem Camembert abgerundet worden sei. Bevor er Pinsel und Palette zur Hand genommen habe, seien ihm lange die Weichheit und die fast flüssige Konsistenz des berühmten französischen Käses durch den Kopf gegangen. In einem Aufsatz, der im Winter 1935 in der Zeitschrift «Minotaure» erschien, behauptete er: «Die Zeit ist die irrsinnige und surrealistische Dimension par excellence», ein Satz, in dem Worte nachklingen, die Minkowski wenige Monate vor seinem Tod geäußert hatte.

Dalí zeigte sich stets an neuen wissenschaftlichen Erkenntnissen interessiert. Er las populärwissenschaftliche Artikel zur Relativitätstheorie und hätte gerne auch Einstein kennengelernt, wie ihm dies bei Freud gelungen war, aber es kam nie zu einer Begegnung. Sicher ist, dass er in einer Zeit lebte, in der sich die Gedanken und Entdeckungen zur Relativität auch außerhalb des engen Kreises der Experten verbreiteten.

Im Jahr 1915 hatte Einstein sein vormaliges physikalisches Modell, anknüpfend an Minkowskis vierdimensionale Raumzeit, zur Allgemeine Relativitätstheorie erweitert: Masse und Energie krümmen die Raumzeit, und den Effekt dieser Krümmung nennen wir Gravitation oder Schwerkraft.

Überall, wo Energie oder Masse vorhanden ist, deformiert

Wo die Zeit stehenbleibt

sich die Raumzeit. Der Grad der Krümmung hängt von der Größe der Masse oder Energie ab, und die materiellen Körper in der Umgebung folgen in ihrer Bewegung den verbogenen Linien der neu entstandenen Geometrie. Die Sonne mit ihrer gewaltigen Masse verkrümmt die Raumzeit zu einer Art vierdimensionalen Vertiefung, sodass die Erde zwangläufig der Orbitalbahn folgen muss, die unser Zentralgestirn umgibt. Dies ist eine neue Sichtweise jener Schwerkraft, die Newton so genial beschrieben hat.

Aber in der Allgemeinen Relativitätstheorie steckt noch deutlich mehr, weil sich ihr zufolge auch die Zeit verformt. Bei der Krümmung der Raumzeit verändern Masse und Energie lokal auch die Geschwindigkeit des zeitlichen Ablaufs. Je stärker der Raum sich verformt, desto stärker wird die Zeit gedehnt. In der Nähe großer Massen, wo ein starkes Gravitationsfeld herrscht, vergeht die Zeit langsamer in Bezug auf Beobachter, die sich in Zonen eines schwächeren Feldes aufhalten.

Newtons universelle Zeit zerfällt zu einer Art Staub aus winzigen Partikeln, zersplittert zu einem kaleidoskopartigen Gefüge aus winzigen lokalen Uhren, die nicht nur asynchron zueinander ticken, sondern ihren Takt auch noch ständig verändern. Jedem Punkt entspricht eine spezielle Krümmung, die von der Verteilung von Energie und Masse im gesamten Universum in jedem einzelnen Augenblick in Bezug zu ihm abhängt. Die Zeit vergeht an jedem Punkt des Universums in unterschiedlichem Tempo, und ihr Ablauf variiert von Moment zu Moment und von Punkt zu Punkt, je nach den dynamischen Veränderungen der Verteilung von Masse und Energie im gesamten Universum. Mit Einsteins Allgemeiner Relativitätstheorie muss Newtons absolute Zeit einen zweiten fürchterlichen Schlag einstecken, und der schickt sie diesmal endgültig zu Boden.

Eine fantastische Präzision

Aber wieso haben wir von alldem nichts bemerkt? Weil die Unterschiede im Ablauf der Zeit in unserer Alltagswelt verschwindend gering sind. Niemand von uns kann mit einer Geschwindigkeit reisen, die an die des Lichts herankommt. Tatsächlich sind 300 000 Kilometer pro Sekunde so ungeheuer schnell, dass dieses Tempo unser Vorstellungsvermögen sprengt. Die Rede ist von einer Milliarde Stundenkilometern, was vielleicht eher eine Ahnung von der Größenordnung gibt. Mit diesem Tempo könnte man in einer Sekunde mehr als siebenmal um die Erde jagen oder mit einem Satz auf den Mond landen.

Nicht einmal die Astronauten der Internationalen Raumstation (ISS), die mit der beachtlichen Geschwindigkeit von fast 28 000 km/h um die Erde rasen, sind nennenswerten relativistischen Effekten unterworfen. Diese hohe Geschwindigkeit beim beständigen Fliegen verschafft ihnen pro Jahr 10,4 Millisekunden an zusätzlicher Lebenszeit. Da aber die Station die Erde auf einer Umlaufbahn in 408 Kilometern Höhe umrundet, befindet sie sich in einem schwächeren Gravitationsfeld, sodass die Zeit dort rascher abläuft. Deswegen verlieren sie wiederum 1,4 Millisekunden pro Jahr an Zeit. Kurzum, der Nettogewinn liegt bei 9 Millisekunden Lebenszeit pro Jahr im Orbit. Samantha Cristoforetti, die italienische Astronautin, die über sechs Monate an Bord der Raumstation zubrachte, hat somit rund 5 Millisekunden hinzugewonnen. Eine Bestätigung dieser Rechnung ist schwer zu beschaffen, schon deshalb, weil der Körper der Astronauten im All unter vielerlei Stress durch kosmische Strahlungen und die annähernde Schwerelosigkeit leidet. Deren gesundheitsschädliche Einflüsse machen den eventuellen Nutzen der Auswirkungen der Relativität fraglos mehr als wett.

Wenn sich die relativistischen Effekte schon in unseren schnellsten Raumfahrzeugen so geringfügig auswirken, sind sie in sämtlichen Aspekten unseres Alltagslebens vollends zu vernachlässigen. Interessant ist dabei freilich, dass wir sie seit einigen Jahrzehnten hochpräzise messen und damit Einsteins Vorhersagen im Einzelnen überprüfen können.

Zur Zeitmessung wurden stets periodische Phänomene herangezogen: der Pulsschlag des Menschen, die scheinbare Bewegung der Sonne um die Erde oder die Schwingungen eines Pendels. Im Verlauf ihrer Geschichte wurden solche Messungen desto präziser, je stärker die Frequenz dieser Periode gesteigert werden konnte. Entsprechend verlief die Entwicklung von der Pendel- über die Quarz- bis zur Atomuhr. Die wissenschaftliche Revolution zu Beginn des 20. Jahrhunderts gab uns die Instrumente an die Hand, um den charakteristischen Phänomenen der Atomsysteme auf die Spur zu

Das seltsame Paar

kommen. Und hier kamen periodische Übergänge in allerhöchster Frequenz zum Vorschein, die regelmäßiger und präziser ablaufen als jedes andere bis dahin eingesetzte Naturphänomen.

Die ersten Atomuhren entstanden um die Wende von den Vierziger- zu den Fünfzigerjahren des vergangenen Jahrhunderts. Rasch erwiesen sie sich als die Zeitmessinstrumente mit der höchsten stabilen reproduzierbaren Ganggenauigkeit.

Mithilfe der Atome des eher seltenen Metalls Cäsium, die bis fast auf den absoluten Nullpunkt heruntergekühlt werden, lassen sich hochpräzise periodische Schwingungen erzeugen: Von außen entsprechend angeregt, wechseln ihre Elektronen rasant zwischen zwei Energieniveaus hin und her und senden dabei messbare Lichtimpulse aus. Diese Schwingungen der Cäsiumelektronen erwiesen sich als so präzise, dass 1967 auf ihrer Grundlage die Sekunde neu definiert wurde. Um eine Vorstellung von dem qualitativen Sprung zu bekommen, sei daran erinnert, dass eine gute Quarzuhr eine Abweichung von einigen Sekunden pro Jahr aufweist. Bei Atomuhren beträgt diese nur noch eine Sekunde pro mehre Millionen Jahre. Seit kurzem wurde es möglich, experimentelle Prototypen zu konstruieren, die nur alle fünfzehn Milliarden Jahre um eine Sekunde abweichen, eine Zeitspanne, die das gegenwärtige Alter des Universums übertrifft.

Und diese Bemühungen um eine immer präzisere Zeitmessung laufen weiter. Warum diese Versessenheit? Weil die Physik in ihrer Geschichte immer dann, wenn sie eine

Wo die Zeit stehenbleibt

genauere Messmethode für die Zeit entwickelte, auf grundlegende Entdeckungen stieß. So gibt es beispielsweise Überlegungen dazu, wie sich überprüfen lässt, ob die Grundkonstanten der Physik über die Zeit tatsächlich konstant sind. Die extreme Präzision dieser neuen Geräte würde es ermöglichen, die Grundprinzipien des Elektromagnetismus, der Gravitation und der Quantenmechanik Stresstests zu unterziehen.

An vorderster Front dieser Forschung steht die Arbeit des US-Wissenschaftlers David Wineland (*1944), der 2012 mit dem Franzosen Serge Haroche (*1944) den Nobelpreis für Physik erhielt. Wineland experimentiert mit der Nutzung rasanter und extrem stabiler Übergänge einzelner Ionen, die in ultrakalten Systemen gefangen sind. Auf der Grundlage quantenmechanischer Eigenschaften versucht er Zeitmesser zu entwickeln, die eine noch höhere Ganggenauigkeit haben als die präzisesten Atomuhren.

Seine vielversprechenden Ergebnisse ermöglichen Messungen, die bis vor einigen Jahrzehnten undenkbar waren. Mit seinen Quantenuhren gelingt es Wineland zu messen, wie sehr sich das Gravitationsfeld abschwächt, wenn die entsprechende Apparatur um einige Dutzend Zentimeter höher gelagert wird. Und damit schließt sich der Kreis. Nachdem über Jahrtausende der Raum zur Messung der Zeit genutzt wurde, können wir heute umgekehrt messen, wie hoch sich ein Objekt auf dem Tisch über dem Boden befindet, und dies anhand der winzigen Veränderung im Ablauf der Zeit, die sich aus der allgemeinen Relativität ergibt.

Das seltsame Paar

Mit der Relativität Geld verdienen

Die Präzision der ersten Atomuhren machte es möglich, die von Einstein vermuteten relativistischen Effekte mit Blick auf die Zeit im Einzelnen zu überprüfen. So wurden die von der Speziellen und der Allgemeinen Relativitätstheorie vorhergesagten Unterschiede im Zeitablauf mithilfe von baugleichen Atomuhren nachgewiesen, die in Verkehrsflugzeugen in entgegengesetzte Richtungen die Erde umflogen oder die in Turin beziehungsweise auf dem Plateau Rosa in den Alpen auf 3250 Metern Höhe standen.

Aber noch überraschender war die Entdeckung, wie grundlegend es war, die relativistischen Effekte bei der Zeitmessung zu berücksichtigen, als die Entwicklung eines globalen Kommunikationssystems in Angriff genommen wurde. Als Einstein 1915 seinen bahnbrechenden Artikel schrieb, hätte sich niemand vorgestellt, dass ein Jahrhundert später Google die Allgemeine Relativitätstheorie für ein höchst lukratives Geschäftsmodell nutzen würde.

Unser Planet erscheint wie umsponnen von einem Geflecht aus den Umlaufbahnen von Satelliten, die verschiedensten Zwecken dienen. Viele ermöglichen Telefongespräche und den Empfang von Fernsehsendungen aus aller Welt. Andere überwachen die Wetterverhältnisse oder erstellen Aufnahmen von sämtlichen Regionen der Erde, um Ressourcen zu erfassen oder Waldbrandgefahren vorherzusagen. Und wieder andere sind Teil eines militärischen Spionagesystems

Wo die Zeit stehenbleibt

im Weltraum. Familien von Spezialsatelliten verfolgen die Bewegungen von Flugzeugen und Schiffen, um in der Luft oder auf See eine sichere Navigation zu ermöglichen. Manche stellen das Global Positioning System (GPS) bereit, das uns bei Autofahrten oder zu Fuß mit dem Mobiltelefon unsere augenblickliche Position verrät.

Dieses weltumspannende Netz besteht aus vielen tausend Satelliten, die in Höhen zwischen 300 und rund 36 000 Kilometern die Erde umkreisen. Die von ihr am weitesten entfernte Umlaufbahn ist besonders wichtig für die geostationären Satelliten, die alle vierundzwanzig Stunden einen Umlauf vollenden und deswegen eine scheinbar fixe Position am Himmel besetzen. Und die Anzahl der Satelliten soll noch weiter steigen, weil Pläne bestehen, jeden beliebigen Punkt auf der Erde dank einer Myriade von Mikrosatelliten mit einem Zugang ans Internet zu versehen.

Die Synchronisierung der Kommunikation dieses so komplizierten Systems stellt eine beachtliche Herausforderung dar. Und wie sich schon früh herausstellte, wäre diese ohne die relativistischen Korrekturen an der Zeitmessung nicht zu bewältigen gewesen. Die Satelliten umkreisen die Erde mit hohen Geschwindigkeiten und durchqueren dabei ein Gravitationsfeld, das gegenüber dem in den Erdstationen schwächer ist. Diese beiden Effekte erfordern Anpassungen, die für die Erledigung zahlreicher Aufgaben unabdingbar sind. Tatsächlich beruhen sämtliche Systeme der Geolokalisierung auf der Triangulation von Funksignalen, bei deren Ankunftszeiten an den verschiedenen Standorten die relativistischen

Effekte berücksichtigt werden müssen. Ohne diese Berichtigungen wäre die gegenwärtig erforderliche Präzision – bei militärischen Systemen im Bereich von einigen Zentimetern – nicht zu erreichen und das gesamte aufwendige System damit völlig unbrauchbar.

Das gegenwärtige GPS-System beruht auf einer Konstellation von 31 Satelliten auf nahezu kreisförmigen Umlaufbahnen in 20 000 Kilometern Höhe. Sie sind so verteilt, dass zu jeder Zeit von jedem Punkt auf der Erde aus Sichtkontakt zu jeweils mindestens drei von ihnen besteht. Anhand genauer Messungen, wann die Funksignale der Satelliten eintreffen, lässt sich mit Triangulation die Position des Empfängers ermitteln. Alle Satelliten sind mit Atomuhren ausgestattet, die hochpräzise synchronisiert werden. Dabei sind zahlreiche Effekte, einschließlich der relativistischen, zu berücksichtigen: Die Geschwindigkeit, mit der die Satelliten um die Erde kreisen, macht eine Korrektur eines Nachgangs um rund 7 Mikrosekunden, also millionstel Sekunden, pro Tag erforderlich. Das schwächere Gravitationsfeld sorgt dagegen für einen Vorgang der Uhr um rund 45 Mikrosekunden in 24 Stunden. Würden die verbleibenden 38 Mikrosekunden Nachgang nicht korrigiert, würde dies die räumliche Auflösung an einem Tag um einige Kilometer verringern. Damit wäre das System nutzlos. Kurzum, immer wenn wir Google Maps benutzen, sollten wir für einen Augenblick an Albert Einstein denken, ohne den wir den Ort unserer Verabredung oder das von einem guten Freund empfohlene Restaurant mit GPS niemals finden würden.

Wo die Zeit stehenbleibt

Große Philosophen und Rotkäppchen

Mit der Beziehung zwischen Zeit und Raum hatten sich schon lange vor der wissenschaftlichen Forschung, seit der Antike, die Philosophen beschäftigt. Eine der scharfsinnigsten Äußerungen dazu findet sich in *De rerum natura* des römischen Dichters und Philosophen Lukrez (ca. 99/94–55/53 v. Chr.): «Zeit existiert nicht an sich, sondern ergibt sich aus dem, was den Dingen widerfährt.»

Niemand hat je eine Region des Raumes außerhalb der Zeit erkundet oder konnte eine Zeitspanne außerhalb eines bestimmten Ortes messen. Zeit ist ohne Raum undenkbar. Und dennoch erschien diese Verbindung stets als eine eher schwache, geradezu nebensächliche und jedenfalls ganz andere Beziehung, als wir sie heute begreifen. Im Licht des gegenwärtigen Wissens trugen die Geistesgrößen der Vergangenheit Glaubenskämpfe aus, als würden sie sich um die Oberfläche eines Ozeans streiten. Als würden sie die Wellenbewegungen bis ins Allerkleinste ergründen, ohne irgendetwas von dem zu begreifen, was sich in den Tiefen darunter abspielt.

Das Rätsel der Zeit beschäftigte unter anderem Gottfried Wilhelm von Leibniz (1646–1716), den grandiosen Philosophen und herausragenden Wissenschaftler, dem gemeinsam mit Newton die Erfindung der Infinitesimalrechnung zu verdanken ist. Allerdings überzeugte ihn die von dem großen englischen Gelehrten vorgetragene Idee von der absoluten

Das seltsame Paar

Zeit überhaupt nicht, sodass er sie vehement bekämpfte. Für Leibniz stellte die Zeit «die Ordnung des nicht zugleich Existierenden» dar, während der Raum «die Ordnung des zeitgleich Existierenden» bildete. Für ihn waren Zeit und Raum außerhalb der Materie, der Seinsheiten der Welt und des Geistes undenkbar. Seine erkennbar sehr moderne Position stieß allerdings ihrerseits auf Widerspruch bei Immanuel Kant (1724–1804), der Raum und Zeit in die Kategorien «a priori» unseres Geistes einordnete und damit Newtons Konzeption stützte, die in der modernen Physik bis zu Beginn des 20. Jahrhunderts vorherrschend bleiben sollte.

Jedenfalls hatte es noch niemand, auch keiner der scharfsinnigsten und revolutionärsten Geister der Geschichte, gewagt, Raum und Zeit in einer Verflechtung zu denken, die so eng war, dass sie sich in einer neuen Anschauung zur Struktur des Materiellen niederschlug.

Einstein führte einen radikalen Paradigmenwechsel herbei. Der große Wissenschaftler zersprengte das Weltbild unweigerlich und endgültig. Mit einem beherzten Hieb zerstach er gleichsam eine Leinwand wie später Lucio Fontana (1899–1968), der seine Raumkonzepte mit einem Stanleymesser realisierte und uns so aufzeigte, dass sich hinter dieser Oberfläche eine weitere Dimension auftat, die in der traditionellen Malerei dem Blick versperrt blieb. Die Relativitätstheorie ließ uns erahnen, was sich unter diesem dunklen Schatten verbarg, der mit dem Schnitt entstanden war. Und was wir entdeckten, erfüllte uns mit Staunen.

Es ist nicht nur unmöglich, sich eine Zeit ohne Raum oder

Wo die Zeit stehenbleibt

einen in der Zeit erstarrten Raum vorzustellen. Grundlegenderes steckt dahinter. Raum und Zeit erweisen sich als aufs engste miteinander verbunden, sodass nichts mehr zusammenstimmt, wenn man das eine vom anderen zu trennen versucht. Als die Raumzeit die Bühne betritt, ist die Zeit nicht mehr aus dem Raum und der Raum nicht mehr aus der Zeit wegzudenken. Ihre Beziehung ist konstitutiv, irreduzibel, uranfänglich.

Noch überraschender ist die Entdeckung, dass die Raumzeit nicht ohne Masseenergie denkbar ist. Beide bilden die Grundbestandteile unseres Universums, die so eng miteinander verwoben sind, dass sie getrennt schwerlich vorstellbar sind. Auch die Raumzeit ist eine materielle Struktur, die sich verformt, erbebt und über große Entfernungen Energie übertragen kann. Masseenergie gibt der Raumzeit ihre Krümmung vor, die ihrerseits den materiellen Dingen ihre Bewegung vorschreibt und zugleich die Uhren anweist, wie sie zu ticken haben.

Mit seiner absoluten Zeit setzte Newton uns Menschen ins Zentrum eines wunderbaren, vollkommen synchron ablaufenden Räderwerks. Die Harmonie, das Gleichgewicht und der vollendete Gleichtakt aller Bestandteile der gewaltigen Maschinerie, welche die Dynamik des Universums regierte, wirkten auf uns beruhigend und trostspendend.

All dies zerspringt: Wir sehen uns in ein höchst chaotisches System versetzt, in dem Ordnung und Regelmäßigkeit im Innersten örtlich begrenzt und vorübergehend sind. Jedes Ereignis im Universum konzentriert sich, eingesperrt in sei-

Das seltsame Paar

nem Lichtkegel, auf seine lokale Abfolge von Vergangenheit, Gegenwart und Zukunft und folgt seiner eigenen Zeit, die sich von der von allem anderen unheilbar unterscheidet. Der perfekte Mechanismus ist zu einer uferlosen kaleidoskopartigen Ansicht aus winzigen Fragmenten zersplittert.

Unsere Fassungslosigkeit beschwören die berühmten Verse herauf, die John Donne (1572–1631) 1611 veröffentlicht hat: «Alles in Scherben, ohne Bezug, hier ist zu wenig und dort nie genug.» Der elisabethanische Dichter, ein Zeitgenosse Shakespeares, drückte in ihnen die Bestürzung über die neue Wissenschaft von Kopernikus (1473–1543) und Galilei aus, die das über Jahrhunderte überlieferte Verständnis der innersten Struktur des Universums infrage stellte.

Der Ausdruck von der dahinfließenden Zeit knüpft an den bildhaften Vergleich mit dem Fluss an, der Heraklit (um 520–um 460 v. Chr.) zugeschrieben wird: «Man kann nicht zweimal in denselben Fluss steigen, und man kann nicht zweimal eine tote Substanz im gleichen Zustand berühren, weil sie sich wegen der Heftigkeit und der Geschwindigkeit der Veränderung auflöst und sich sammelt, kommt und geht.» Einsteins Fluss der Zeit läuft auseinander, löst sich in eine Fülle einzelner Rinnsale auf, die in unterschiedlichen Geschwindigkeiten eigene, unabhängige Wege gehen. Aber darum mussten wir uns über Jahrtausende nicht kümmern, weil wir makroskopische Körper sind, die in einem gleichförmigen Schwerefeld leben, und uns mit lächerlich geringen Geschwindigkeiten fortbewegen.

Die moderne Physik hat uns also klargemacht, dass das

Wo die Zeit stehenbleibt

Rätsel um die Zeit in ein verwinkeltes Labyrinth führt, in dem allenthalben Paradoxa lauern. Um es zu lüften, müssen wir folglich nachvollziehen, wie sich die Zeit in Welten weit außerhalb unseres Erfahrungsbereichs verhält: auf den kleinsten Skalen, die von den Teilchenbeschleunigern ausgelotet, oder in den gigantischen Ausdehnungen, die von den leistungsstärksten Teleskopen erkundet werden.

Wie Rotkäppchen steht uns die Durchquerung eines Waldes voller Fallen bevor. Wir beginnen unsere Reise ein wenig bang, aber wohl auch gespannt auf die Entdeckungen, die uns erwarten. Bei vielen Gelegenheiten finden wir uns in einem dichten Gestrüpp aus Konzepten wieder und haben vielleicht auch gefährliche Begegnungen. Es erfordert Mut und Willensstärke, um sich Visionen zu stellen, die uns den Verstand rauben und dafür sorgen können, dass wir uns auf dem Nachhauseweg verirren. Und noch beunruhigender: Es taucht mit Sicherheit kein Jäger auf, der einen glücklichen Ausgang garantiert. Wir verabschieden uns von den beruhigenden Gewissheiten, die unser Alltagsleben leiten, gelangen am Ende des Abenteuers aber zu einem neuen Bewusstsein, das uns stärker macht.

Und so wagen wir uns nun, angetan mit dem roten Käppchen und mit dem Korb in der Hand, in den tiefen Wald.

4
Die lange Geschichte der Zeit

Wie wir heute wissen, gehen Raum und Zeit seit unermesslichen Zeiten Hand in Hand, existierten aber keineswegs schon immer. Beide entstanden zusammen mit der Masseenergie vor knapp 14 Milliarden Jahren bei einer sehr turbulent verlaufenen Geburt. Wenn wir über den Widerspruch hinwegsehen dürfen, könnten wir kurzum sagen, dass es die Zeit zu einer bestimmten Zeit noch nicht gegeben hat. Das Thema des Anbeginns der Zeit erörterten ausführlich die Kirchenväter; einer der ersten war Augustinus von Hippo. Die Hypothese, dass einst auch die Zeit erschaffen wurde, steht in keinerlei Widerspruch zum Szenario einer Schöpfung durch Gott, dem alles zu verdanken ist. Auf den Einwand: «Was tat Gott, bevor er Himmel und Erde schuf?», hatte Augustinus eine spöttische Antwort parat, die ich schon immer spannend fand: «Er bereitet denen, die sich vermessen, jene hohen Geheimnisse zu ergründen, Höllen.»

Wo die Zeit stehenbleibt

Der Ursprung der Zeit bereitete auch den Denkern des griechischen Altertums kein allzu großes Kopfzerbrechen, weil sie sich eine in Zyklen wieder neu entstehende Welt vorstellten. Platon (428/427–348/347 v. Chr.) wie auch der junge Aristoteles (384–322 v. Chr.) gingen von periodisch wiederkehrenden Katastrophen – durch Extremhitze, Verschiebungen der Erdachse oder Sintfluten – aus, welche die Kulturen jedes Mal zwingen, ihren Werdegang bis zur nächsten Katastrophe erneut zu durchlaufen. In dieser weit verbreiteten Sicht hatten die Stoiker Zyklen von 36 000 oder 72 000 Jahren ausgemacht, nach denen zu einem festgelegten Datum die ganze Welt in Flammen aufgehen und alles wieder von vorn beginnen würde. «Und es wird einen neuen Sokrates und einen neuen Platon geben, und ein jeder wird der gleiche mit den gleichen Freunden und Mitbürgern sein.»

Augustinus bricht mit diesem zyklischen Geschichtsbild und betrachtet die Zeit der Menschen als ein kurzes Intermezzo innerhalb der Ewigkeit. Die Zeit entstehe bei der Schöpfung und gehe mit dem Jüngsten Gericht unter, Punkt.

Für die Wissenschaftler zu Beginn des 20. Jahrhunderts war der Ursprung der Zeit eine uninteressante Frage. Diese wurde gewissermaßen als selbstverständlich existierend vorausgesetzt, ebenso wie das Universum mit seiner Materie und Energie. In den Fokus rückte das Thema erst durch zwei parallele Ereignisse, wegen denen sogar die Widerwilligsten die überraschende Idee in Erwägung zogen, dass die Zeit, wie auch das Universum, einen Anfang gehabt haben könnte.

Die lange Geschichte der Zeit

Der Anbeginn der Zeit

Im Jahr 1927 formuliert Georges Lemaître (1894–1966), ein junger belgischer Physiker und katholischer Priester, eine von der Zeit abhängige Lösung von Einsteins Feldgleichung. In seinem Szenario dehnt sich die Raumzeit des Universums aus. Und die fernsten Galaxien weichen zurück, entfernen sich also alle voneinander, und dies mit einer desto höheren Geschwindigkeit, je größer ihre Abstände zueinander sind. In einer gedanklichen Umkehr dieser Expansionsbewegung wie beim Rücklauf eines Films kommt er zu dem Schluss, dass das All vor 10 bis 20 Milliarden Jahren aus einem winzigen, einzigartigen besonderen Punkt, einem Uratom, entstanden sein muss. Dieser Gedanke bildete den Keim zur modernen Urknalltheorie.

Als sich der junge amerikanische Astronom Edwin Hubble (1889–1953) daranmachte, mit dem leistungsstärksten Teleskop des Mount-Wilson-Observatoriums Daten zur scheinbaren Bewegung der Galaxien zu sammeln, hatte er von Lemaîtres Spekulationen keine Ahnung. Aber seine Beobachtungen ließen kaum Raum für Zweifel: Alle Galaxien entfernten sich voneinander, und ihre Fluchtgeschwindigkeit verhielt sich proportional zu ihrer Entfernung. Wie wir heute wissen, ist diese Bewegung in Wirklichkeit nicht ihnen, sondern der sich ausdehnenden Raumzeit geschuldet. Aber als Hubble 1929 seine Beobachtungen veröffentlichte, überzeugten diese auch den anfangs besonders skeptischen Albert

Wo die Zeit stehenbleibt

Einstein davon, dass Lemaître recht hatte: Die Raumzeit hatte ein Geburtsdatum. Gut ein Jahrzehnt nach der Formulierung der Allgemeinen Relativitätstheorie war das Universum, das von Einsteins Gleichung mit Strenge und Eleganz beschrieben wurde, zu einem sich gigantisch aufblähenden System geworden, das einen Anfang gehabt hatte und seine Expansion immer weiter fortsetzte. Die Physik hatte sich für immer verändert.

Seither hat die moderne Urknalltheorie imposante Fortschritte gemacht. Die Kosmologie des 20. Jahrhunderts kann die Entwicklung des Universums im Einzelnen rekonstruieren, weil sie die Eigenschaften seiner eindrucksvollsten Strukturen präzise vermisst. Bei der Beobachtung von Milliarden von Lichtjahren entfernten Galaxien und Galaxienhaufen sieht man «live» Phänomene, die sich in unserer fernen Vergangenheit abgespielt haben.

Eine der reichhaltigsten Informationsquellen ist der kosmische Mikrowellenhintergrund (*Cosmic Microwave Background,* CMB). Dass auf der Erde ein gleichförmiger Strom aus niederenergetischen Photonen aus allen Richtungen eintrifft, war eine der wichtigsten Vorhersagen der Urknalltheorie. Als diese Strahlung 1964 dann fast zufällig von Arno Penzias (*1933) und Robert Wilson (1927–2002) entdeckt wurde, mussten selbst die Skeptischsten akzeptieren, dass die Zeit einen Anfang gehabt hatte.

Das Urlicht ist das fossile Überbleibsel eines ganz besonderen Augenblicks. Als das Universum im Alter von 380 000 Jahren wegen seiner Ausdehnung bis auf unter 3000

Die lange Geschichte der Zeit

Kelvin abgekühlt war, konnten sich Elektronen und leichte Atomkerne erstmals zu Atomen, neutralen Teilchen, verbinden: Die Materie wurde plötzlich durchlässig für Strahlung – also transparent –, sodass sich das Licht überallhin ausbreiten konnte. Diese allerersten freien Photonen fluktuieren, abgeschwächt und mit Wellenlängen, die von der Expansion der Raumzeit gestreckt wurden, voller Informationen immer noch im All um uns herum.

Insbesondere die winzigen Anisotropien des CMB sind eine wahrhaftige Fundgrube für Informationen zu den grundlegenden Eigenschaften des Universums. Anhand von ihnen konnten wir ziemlich genau den Zeitpunkt ermitteln, in dem die Raumzeit entstanden ist: vor rund 13,8 Milliarden Jahren. Und wir haben entdeckt, dass diese in den allerersten Momenten ihrer Existenz staunenswerte Eigenschaften hatte. Sie blähte sich mit unfassbarer Geschwindigkeit auf, in einem verschwindend geringen Zeitintervall während der sogenannten «kosmischen Inflation», einer Phase, von der viele Einzelheiten noch im Dunkeln liegen. Aber obwohl diese uranfängliche paroxysmale Expansion rasch wieder erlahmte, hat die Raumzeit die Eigenschaft, sich auszudehnen, beibehalten und expandiert endlos weiter – verglichen mit der wahnwitzigen Geschwindigkeit der allerersten Momente allerdings in einem gewaltig gedrosselten Tempo.

Der CMB ist gewissermaßen ein gigantischer Datenspeicher zu den Geschicken der Raumzeit und der Masseenergie. Das gesamte Universum befindet sich in einem thermischen Gleichgewicht mit diesem Photonenbad, das es seit

Wo die Zeit stehenbleibt

Milliarden Jahren erfüllt. Deswegen lassen sich aus diesem wertvolle Informationen zu seiner langen Geschichte gewinnen. Hier liegen noch viele Geheimnisse verborgen.

Die Urphotonen blieben über Hunderttausende von Jahren in der Materie eingeschlossen, befreiten sich dann aus der Umklammerung und begannen überall frei herumzuschwirren. Dagegen waren die primordialen Gravitationswellen, diese gewaltigen Erschütterungen, die bei der schlagartigen Ausdehnung der Raumzeit ausgesandt wurden, vom ersten Augenblick an frei beweglich: Gravitationswellen wechselwirken mit allem so schwach, dass sie nicht einmal die ultraheiße und hyperdichte Materie des Uruniversums absorbieren konnte. Bei ihrem unsteten Umherstreifen müssten sie in den Photonen des CMB, mit denen sie wechselwirkten, feinste, fast kaum wahrnehmbare Spuren hinterlassen haben. Ihre charakteristische Signatur wäre demnach ein flüchtiges Polarisationsmuster, eine räumliche Ausrichtung der Wellen im CMB. Nach diesem Muster wird seit Jahrzehnten vergeblich gesucht, doch einmal entdeckt, würde es Aufschlüsse zu den Teilen der inflationären Phase liefern, die bislang noch im Dunkeln liegen.

Der Traum aller Wissenschaftler aber geht darüber hinaus. Er zielt darauf ab, die urzeitlichen Gravitationswellen, die aus dem Urknall stammen, direkt zu detektieren. Diese unmerklichen Störungen der Raumzeit, Überbleibsel des Wirbels aus Erschütterungen, die in den allerersten Momenten ausgesandt wurden, schwingen in dem uns umgebenden Universum immer noch nach. Wenn sich die Empfindlichkeit der gegenwärtigen Messinstrumente bis zu dem Punkt steigern ließe, an dem sie aufgespürt werden könnten, könnten wir diesen außergewöhnlichen Moment in allen Einzelheiten rekonstruieren. In gewisser Hinsicht hallt die Erzählung von der Geburt der Zeit immer noch durch unser Umfeld: Die besondere Herausforderung besteht darin, dieses feine Säuseln hörbar zu machen, diese ferne Erinnerung an das markerschütternde Wimmern, mit dem die Zeit ihren Anfang nahm.

Das Ende der Zeit

Das Lapislazuliblau, das die Decke beherrscht und in zahlreichen Bildfeldern erneut auftaucht, lässt einem den Atem stocken. Wer das Stendhal-Syndrom noch nicht am eigenen Leib erfahren hat, versteht, was es mit dieser kulturellen Reizüberflutung auf sich hat, sobald er durch die Tür in die Cappella degli Scrovegni in Padua eingetreten ist.

Von außen betrachtet, erscheint dieses Kirchlein eher unscheinbar, ein mittelalterlicher Bau, errichtet auf den Überresten eines römischen Amphitheaters. Auch in Padua hatten die Römer wie in den meisten einigermaßen bedeutenden Städten ein großes Bauwerk für öffentliche Aufführungen errichtet, aber von ihm blieb wenig übrig. Weil die Steine zur Errichtung von Stadtpalästen dienten, sind von seinem ursprünglichen Zustand nur noch einige Bögen und die Außenmauer erhalten, die ihm seine elliptische Gestalt gaben.

Wo die Zeit stehenbleibt

Anders als die berühmte, praktisch unversehrte Arena von Verona, in der heute noch große Aufführungen von Konzerten und Opern stattfinden, thront die Anlage von Padua nicht imposant im Zentrum der Stadt. Gäbe es da nicht die Kapelle, wäre sie nur eine unter vielen archäologischen Stätten Italiens ohne besondere Anziehungskraft. Aber im 13. Jahrhundert erhob sich hier der glanzvolle Palast der reichsten Bankiersfamilie der Stadt, der Scrovegni.

Deren Adelswappen war wenig ansprechend: Es zeigte auf weißem Feld die blaue trächtige Sau – italienisch *scrofa*, das Mutterschwein –, die in diesem Familiennamen enthalten ist. Und auch der Ruf der Familie war mitnichten glanzvoll. Von der ganzen Stadt gefürchtet, war sie zudem im Gerede, weil sie ihr Vermögen, wie so viele, Wuchergeschäften verdankte. In Dantes *Göttlicher Komödie* taucht ihr Familienoberhaupt Rinaldo oder Reginaldo in der Hölle auf. Er hatte sich offenbar ziemlich unbeliebt gemacht: Nach seinem Tod 1290 stürmte eine wütende Menge seinen Palast. Sein Sohn Enrico versuchte die Ereignisse vergessen zu machen, ein gewisses gesellschaftliches Ansehen zurückzugewinnen und sich bei Kirche und Adel Akzeptanz zu verschaffen, indem er eine beachtliche Summe in den Bau einer Kapelle investierte. Mit der inneren Ausschmückung beauftragte er den besten Maler seiner Zeit, Giotto di Bondone (1267/1276–1337).

Die Cappella degli Scrovegni wurde 1300, im ersten Jubeljahr, errichtet, worauf sie Giotto wenige Jahre später mit Fresken ausmalte. 1305 hatte er sein Meisterwerk vollendet. Mit dieser Arbeit hob er sich unwiderruflich von den förmlichen und stereotypen Kanons der byzantinischen Malerei ab: Seine Linien sind zarter und seine Formen natürlicher und realitätsnäher. Diese Fresken machen Giotto zum ersten neuzeitlichen Maler. Nicht zufällig gilt der Zyklus als eines der bedeutendsten Werke der gesamten Kunstgeschichte, als einer der wenigen, der einem Vergleich mit den Fresken Michelangelo Buonarrotis (1475–1564) in der Sixtinischen Kapelle standhält.

Giotto stellt auf den Wänden Geschichten aus dem Alten und Neuen Testament in einem prachtvollen Spiel aus Licht und Farbe dar, in dem sich Pathos und Menschlichkeit, Glaubensstärke und Sinn für Geschichte mischen. Die Gesamtkomposition gipfelt im Tod und in der Wiederauferstehung Christi sowie im Jüngsten Gericht in einem Fresko, das vollständig die Stirnwand einnimmt. Links werden die Glückseligen von den himmlischen Heerscharen empfangen, während rechts die Verdammten schreckliche Höllenqualen erleiden.

Aber was mich besonders beeindruckt hat, waren die beiden Figuren ganz oben, beiderseits des großen Drillingsfensters in der Wand. Zwei Engel rollen wie einen Vorhang den Sternenhimmel ein.

Giotto stellt das Ende der Zeiten erkennbar in einer Anspielung auf die Apokalypse des Johannes dar, in der von herabfallenden Sternen und einem sich einrollenden Himmel die Rede ist. Die kurze Episode der historischen Zeit endet, woraufhin die Ewigkeit beginnt. Die Zeit wird mitsamt dem

Wo die Zeit stehenbleibt

materiellen Universum, mit dem sie erschaffen wurde, zusammengerollt beiseitegelegt. Die Welt kehrt zu dem Punkt zurück, «in dem die Zeiten alle gegenwärtig» sind, besungen von Dante Alighieri (1265–1321) im *Paradies*, das nicht in der Zeit der Sterblichen, sondern in der Ewigkeit existiert, in der jede irdische Zeit gegenwärtig ist.

Das Ende der Zeit, von Giotto so herausragend bebildert, beschäftigt auch uns Heutige. Wenn die Zeit einen Anfang nahm, hat sie dann womöglich auch ein Ende? Die Frage lässt sich wissenschaftlich anhand einer Überprüfung von Hypothesen fassen, die zum Schicksal des Universums erstellt wurden.

Das Ende des Universums könnte zum Beispiel so aussehen, dass das rasante Rennen, in dem sich die Raumzeit auf unbestimmte Zeit weiter ausdehnt, plötzlich zum Stillstand kommt. Wenn sich die Galaxien in einer Umkehrung ihrer Flucht wieder einander annähern, würden sie durch die Wirkung der Schwerkraft zerstört. Ein Prozess käme in Gang, bei dem sich alles immer stärker zu einer gestaltlosen Masse zusammenballen und die gesamte Materie am Ende bei einem Kollaps in einem einzigen Punkt verschwinden würde – beim Big Crunch, wie die Wissenschaftler ihn nennen. In einer Raumzeit, die auf punktförmige Ausmaße zusammengeschrumpft wäre, käme die Zeit zum Stillstand und besiegelte ihr eigenes Ende. Mit dem Ablauf eines Zyklus begänne ein neuer mit einem weiteren Urknall und einer neuen Raumzeit, die aus den Trümmern der vorangegangenen hervorginge. Dieses zyklische, fast harmonische Szenario eines periodischen Wechsels zwischen furioser Expansion und Kompression lässt sich mit unseren Beobachtungen allerdings nicht vereinen.

Kein Faktum deutet darauf hin, dass sich die Ausdehnung der Raumzeit verlangsamt, irgendwann umkehrt und dann in einem Kollaps endet. Im Gegenteil spricht alles dafür, dass sich seine Expansion sogar noch beschleunigt und nach und nach alle Grenzen sprengt. Der Motor, der alles immer schneller auseinandertreibt, ist die «Dunkle Energie». Wir wissen nicht, ob es eine neuartige Kraft ist, eine Art abstoßende Gravitation oder eine seltsame Eigenschaft der Raumzeit, die ihre Expansion mit fortschreitender Zeit beschleunigt. Sicher ist indes, dass die Dunkle Energie, wenn keine anderen Mechanismen entgegenwirken, das Ende unseres Universums besiegeln wird.

Wenn alles von allem wegstrebt, wird das Universum so finster, kalt und unwirtlich, dass die Zyklen, durch die Sterne entstehen und Energien ausgetauscht werden, was die Dynamik von Sonnensystemen befeuert und Leben auf Planeten ermöglicht, langsam, aber unaufhaltsam zum Stillstand kommen. Am Ende breitet sich eine Art Leichentuch über den Kosmos, der auf unermesslich lange Zeit als ein uferloser stellarer Friedhof fortbesteht.

Die Aussicht auf einen thermischen Tod unseres Universums lässt für Hoffnung keinerlei Raum: Sie ist weitaus düsterer als die Johannesapokalypse. Wenn auch alle Sterne in einer Raumzeit, die sich kontinuierlich immer weiter ausdehnt, in sich zusammenstürzen, verliert sich die Zeit im

Wo die Zeit stehenbleibt

Leeren, weil alle Transformationen und Rhythmen sich immer weiter verlangsamen, bis am Ende alles zum Erliegen kommt.

Die Zeit in der Welt der kosmischen Entfernungen

Nicht zufällig kamen die ersten Bestätigungen für Einsteins Relativitätstheorie aus der beobachtenden Astronomie. Die Eigenschaften der von Masseenergie gekrümmten Raumzeit lassen sich besser erkunden, wenn wir uns von unserem Planeten fortbewegen und uns in die Welt der großen Entfernungen hineinwagen.

Die Effekte der Allgemeinen Relativitätstheorie wirken natürlich auch auf unserer Erde, aber in einem so geringen Ausmaß, dass wir sie vernachlässigen können – außer bei Unternehmungen, die eine hohe Präzision erfordern, wie die Synchronisierung der verschiedenen Atomuhren des Satellitennavigationssystems GPS.

Aber sobald wir unser Sonnensystem erkunden, erklärt hier das Verhalten der Raumzeit logisch und einleuchtend Phänomene, die andernfalls völlig rätselhaft blieben.

Die erste Bestätigung der Allgemeinen Relativitätstheorie ist dem englischen Astrophysiker Sir Arthur Stanley Eddington (1882–1944) zu verdanken, der seine Ergebnisse im November 1919 in seinem Seminar an der Royal Society bekannt gab. Schon einen Tag später erschienen sie auf der ersten Seite der «Times» und wurden von den wichtigsten

Zeitungen aufgegriffen. Damit wurde Einstein noch vor der Verleihung des Nobelpreises zu einem der berühmtesten Wissenschaftler der Welt.

Als Einstein 1915 seine Theorie veröffentlicht hatte, war bereits der Erste Weltkrieg ausgebrochen, sodass sich faktisch nur wenige britische Wissenschaftler für die Gedanken eines deutschen Physikers interessierten. Aber Eddington war Exzentriker, Puritaner und überzeugter Pazifist, der sich seiner Einberufung in die Armee widersetzt und eine Inhaftierung riskiert hatte. Erspart blieb sie ihm nur dank Frank W. Dyson, des königlichen Astronomen, der ihn mit einer Ausrede vor dem Militärgericht rettete: Eddington müsse Mittel auftreiben, um Einsteins Theorie zu überprüfen.

In Erwartung einer totalen Sonnenfinsternis, die für den 29. Mai 1919 für die Südhalbkugel vorhergesagt war, organisierte Eddington eine Expedition auf die Vulkaninsel Príncipe im Golf von Guinea. Er wollte mit einem Teleskop einen Sternhaufen fotografieren, dessen Licht auf dem Höhepunkt der Eklipse, während der vollständigen Bedeckung durch den Mondschatten, in der Nähe der Sonne erscheinen würde. Sollte diese, wie von Einstein behauptet, die Raumzeit tatsächlich krümmen, musste ihre große Masse die Lichtstrahlen von diesen Sternen leicht ablenken und dadurch ihre scheinbare Position verändern. Kurzum, während der Sonnenfinsternis würden die Sterne an einem anderen als dem gewohnten Ort erscheinen.

Eddington kamen zahllose Hindernisse in die Quere, darunter ein Unwetter, das den gesamten Tag über wütete und

Wo die Zeit stehenbleibt

es bis zum letzten Moment so aussehen ließ, als könne er seine Fotografien nicht erstellen. Doch plötzlich lockerten die Wolken auf, sodass er einige Platten belichtet bekam und sie nach Hause brachte. Eddington brauchte einige Monate, um die Ergebnisse auszuwerten, aber am Ende löste er sämtliche Vorbehalte gegen die Theorie auf: Auf einer der Platten waren die Sterne in der verschobenen Position erkennbar, die sich mit Einsteins Vorhersagen deckte. Die seltsame Allgemeine Relativitätstheorie, nach der sich der Raum in der Nähe großer Himmelskörper zusammenzog und die Zeit sich dehnte, hatte sich als richtig erwiesen.

Wasp-12 ist ein Zwergstern im Sternbild Fuhrmann, um den herum ein großer Gasplanet ähnlich dem Jupiter entdeckt wurde. Der Radius seiner Umlaufbahn ist eher bescheiden. Er umkreist seinen Mutterstern in so großer Nähe, dass er für eine volle Umrundung nur gut einen Tag braucht. Die gravitative Anziehung zwischen beiden Himmelskörpern ist so heftig, dass an dem Gasriesen Gezeitenkräfte zerren, die ihn an den Polen zu einer ovalen Gestalt zusammendrücken. Wie das Hubble-Weltraumteleskop zeigte, entreißt Wasp-12 seinem Begleiter Materie, zerfleischt ihn und wird ihn am Ende auch verschlingen. Während ein derartiger kosmischer Kannibalismus, bei dem ein Stern einen Planeten auffrisst, eher selten vorkommt, gibt es zahllose Beispiele dafür, dass Galaxien andere Galaxien oder Sterne andere Sterne in ihrer Nähe verschlingen.

Wenn wir Teleskope auf Wasp-12 richten, erleben wir live ein kosmisches Verbrechen mit, das allerdings in einem

Sonnensystem in rund 1400 Lichtjahren Entfernung geschieht und sich damit in Wahrheit schon vor etlichen Jahrhunderten, nämlich zu der Zeit ereignet hat, in der der Prophet Mohammed seine neue monotheistische Religion zu predigen begann. Der Himmel kündet uns jeden Tag von wundersamen Ereignissen oder schrecklichen Katastrophen, die sich in fernster Vergangenheit zutrugen.

In den letzten hundert Jahren seit Eddingtons Pionierleistung hat die Astrophysik eindrucksvolle Fortschritte gemacht. Unser sichtbares Universum, also jenes, das wir mit großen Teleskopen erkunden können, ist ein so gigantisches und so gewaltiges «Objekt», dass wir es in unserer Vorstellung nur schwer unterbringen. Es ist ein riesiges Spinnennetz aus über hundert Milliarden Galaxien, die durch gewaltig ausgedehnte Leerräume voneinander getrennt sind. Jede beherbergt ihrerseits Hunderte Milliarden Sterne, vergleichbar mit unserer Sonne, große Konzentrationen aus Gas und Staub sowie eine endlose Anzahl an kleineren Himmelskörpern.

Aber dies ist nur ein fast verschwindend geringer Bruchteil all dessen, was sich da draußen befindet: Himmelskörper, die wie Schwarze Löcher und Neutronensterne kein Licht aussenden, große Filamente aus intergalaktischem Gas, verschiedene Formen von Strahlung und vor allem Dunkle Materie und Dunkle Energie, die bei weitem die am häufigsten vorkommenden Bestandteile unseres Alls darstellen.

Bei so hohen Zahlen verliert man leicht das Gespür für die Größenordnung. Helfen kann hier ein Trick: Man nehme

Wo die Zeit stehenbleibt

eine Stecknadel an ihrer Spitze zwischen die Finger. Wenn man den Arm zum Himmel ausstreckt, bedeckt ihr winziger Kopf einen Teil des Firmaments. In ihm verbergen sich Tausende von Galaxien, von denen jede aus Hunderten Milliarden Sternen besteht. Sobald sich ein modernes Teleskop auf eine scheinbar leere Zone im All richtet, kommen darin überall Myriaden verborgener Welten zum Vorschein.

Der Abstand zwischen unserer Sonne und ihren Planeten ist gewaltig, verglichen mit den Strecken, die wir auf unserer Erde üblicherweise zurücklegen, aber im Vergleich zu den Entfernungen zwischen den Sternen erscheinen sie nachgerade winzig. Von unserer Erde bis zur Sonne sind es nur 150 Millionen Kilometer, während Alpha Centauri, der sonnennächste Stern, 4,2 Lichtjahre von uns entfernt liegt. Dabei entspricht ein Lichtjahr rund 9500 Milliarden Kilometern.

Eine Vorstellung von der Größe der Galaxien gibt der Gedanke, dass wir bis zum Zentrum unserer Milchstraße eine Strecke von 26 000 Lichtjahren zurücklegen müssten. Dagegen würde uns ein Besuch im Andromedanebel, in der uns nächstgelegenen Galaxie, eine Reise von 2,54 Millionen Lichtjahren abverlangen. Und dann befänden wir uns immer noch in der kleinen Region des Universums, die unsere lokale Gruppe einnimmt, die Familie der Galaxien, der wir angehören.

Angesichts so riesiger Entfernungen verlieren der Ausdruck «jetzt» und die Vorstellung einer Gleichzeitigkeit jedwede Konsistenz. Damit wird klarer, was es heißt, dass die Zeit immer eine lokale ist. Welchen Sinn hat die Frage, was *in diesem Moment* in so fernen Welten geschieht? Sie ist völlig verkehrt gestellt. In der Welt der großen Entfernungen versagt unser landläufiger Zeitbegriff. Er ist ein hervorragendes Instrument, um in unserer Umgebung zu überleben, führt uns aber in die Irre, sobald wir nachzuvollziehen versuchen, was in der Welt fernab unseres kleinen Planeten abläuft.

Hautnah die Unmöglichkeit zu spüren, unsere Gegenwart mit der an einem anderen Ort in weiter Ferne zur Deckung zu bringen, stürzt uns in Verwirrung. Da wir uns so sehr daran gewöhnt haben, an einem begrenzten Ort zu leben, kommen wir gar nicht auf den Gedanken, dass Kommunikation in Echtzeit nicht überall möglich ist. Wenn wir einen Freund in New York anrufen, informieren wir uns in der gleichen Gegenwart und erzählen uns Missgeschicke, die uns widerfahren sind. Die Botschaften werden in Sekundenbruchteilen übermittelt, also mit einer getrost zu vernachlässigenden Verzögerung. Aber angesichts von Entfernungen, die selbst Licht nur in Jahrtausenden überbrücken kann, löst sich die Vorstellung von einer gemeinsamen Gegenwart auf.

Wunderbare Illusionen und fantastische Schimären

Wenn wir weit entfernte Objekte beobachten, blicken wir *heute* auf Abläufe, die sich in einer fernen Vergangenheit abspielten. Jede astronomische Beobachtung wird so zu einer Reise in die Vergangenheit. Bei geringen Entfernungen ignorieren wir gerne die Zeitverzögerung, und tun so, als könnten

Wo die Zeit stehenbleibt

wir mit unserem Zeitbegriff auch den uns umgebenden Raum abdecken. So benötigt das Sonnenlicht beispielsweise gut acht Minuten, um bis zur Erde zu gelangen, aber dieser Zeitunterschied ist so gering, dass wir ihm keine Bedeutung beimessen müssen. Niemand geht davon aus, dass in den acht Minuten, die zwischen der Ausstrahlung der Photonen an der Sonnenoberfläche und deren Auftreffen auf unserer Netzhaut liegen, auf unserem geliebten Zentralgestirn Nennenswertes geschehen sein könnte. Aber bei einer erheblich großen Zeitspanne ändert sich alles.

Wenn wir heute mit Teleskopen schöne Bilder von der Andromedagalaxie aufnehmen, wissen wir, dass das Licht bis zu uns einen äußerst langen Weg zurückgelegt hat. Es verließ die Schwestergalaxie unserer Milchstraße in einer Zeit, in der sich irgendwo am Horn von Afrika die Gattung *Homo*, der auch wir Sapiens angehören, von der des Australopithecus abgespalten hat. Wie der Zufall wollte, starteten diese Photonen gerade zu einer Zeit, als sich eine seltsame Gattung aus affenähnlichen Wesen mit ersten Schritten auf einen langen Entwicklungsweg begab. Im Verlauf ihrer Evolution entwickelte sie ein Bewusstsein und immer raffiniertere Werkzeuge – bis hin zu den lichtempfindlichen Geräten, die diese Photonen absorbieren, als sie schließlich auf dem Planeten Erde eintreffen. Auf der Erde ist eine neue Spezies aufgetaucht, die ihre Entwicklungsgeschichte während der langen Zeit durchlief, die das Licht für seine Reise durch die gewaltigen Leerräume zwischen beiden Galaxien benötigt hat.

Der imposante Sternenhimmel, der uns in klaren Nächten

überwölbt und Generationen von Dichtern beflügelte, ist eine wunderbare Illusion. Dieses Gesamtbild aus Himmelskörpern, die die Menschen der Antike gedanklich zu Sternbildern angeordnet haben, in denen sich die großen mythologischen Erzählungen widerspiegeln, ist nur eine gigantische optische Täuschung.

Sirius, der leuchtkräftigste Fixstern am Nachthimmel, ist in Wahrheit ein System aus zwei umeinander kreisenden Sternen, die 8,6 Lichtjahre von der Sonne entfernt liegen. Deneb, der Hauptstern des Schwans, leuchtet aus 2600 Lichtjahren Entfernung, während der gelbe Überriese Polaris-Aa, der hellste der drei Sterne des Systems, das wir als den Polarstern wahrnehmen, 430 Lichtjahre von uns entfernt ist.

Himmelskörper, die über so unterschiedliche Entfernungen von uns im Raum verteilt sind, strahlten in der Vergangenheit zu unterschiedlichen Zeitpunkten das Licht aus, das wir heute, zu ein und demselben Zeitpunkt, mit unseren Augen sehen. In der nächtlichen Finsternis erstellen wir ein Bild, das eine künstliche Überlagerung einzelner Ereignisse ist, die über Jahrtausende zu ganz unterschiedlichen Zeitpunkten stattfanden. Der Sternenhimmel ist die wunderbare Vorstellung von einer Wirklichkeit, die weitaus komplizierter ist, als sie uns erscheint.

So wie einst bei der Sonne, die nur scheinbar um die Erde kreiste, kann sich das, das wir zu sehen meinen, als verblüffende Täuschung erweisen. Manchmal gaukeln unsere Augen uns Dinge vor, die es gar nicht gibt, während ihnen tatsächlich existierende Dinge schlichtweg verborgen bleiben.

Wo die Zeit stehenbleibt

Dabei ruft die Raumzeit auf kosmischer Skala vielfältige Täuschungen hervor, von denen manche sogar die Astronomen verblüfften. So wurden sie beim Fotografieren weit entfernter Himmelskörper mit einer Art Fata Morgana konfrontiert. Auf dem Bild hatte sich die Quelle vervierfacht und bildete eine Art Kreuz. Auch diese Erscheinung ist eine Folge der allgemeinen Relativität. Sie entsteht, wenn zwischen der Lichtquelle und dem Beobachter ein besonders massereiches Objekt liegt, das die Raumzeit verzerrt und dadurch die Lichtstrahlen ablenkt. Diese verteilen sich so um diese Gravitationslinse herum, dass die Quelle in vier Positionen erscheint, zum Beispiel beim sogenannten Einsteinkreuz, ein System im Sternbild Pegasus. Auch dies ist eine Täuschung, eine Illusion, durch die wir Sterne oder Galaxien in fernen Himmelsregionen mit mehreren absolut identischen Kopien sehen. Aber diese Phänomene liefern auch wertvolle Aufschlüsse: Aus ihnen gewinnen die Astronomen Informationen zur Masse und zur Verteilung der beteiligten Objekte.

Wenn die Energie von drei Sonnen leicht auf den Wellen der Raumzeit dahinsurft

Die Allgemeine Relativitätstheorie wurde durch zahlreiche astronomische Beobachtungen bestätigt. Diese verraten uns, dass die Raumzeit keineswegs nur ein abstraktes Konzept, eine einfache Darstellung der Geometrie des Universums, ist. Im Gegenteil: Dieses hauchzarte Gerüst ist eine wahrhaft materielle Substanz, die vibriert, schwingt, fluktuiert und wie die Wasseroberfläche eines Teichs jede Art Störung weiterleitet.

Dass sie durch Masseenergie deformiert wird und dadurch Gravitation entsteht, hätte uns über ihre wahre Natur schon stutzig machen müssen. Die Raumzeit ist kein passiver Behälter, in dem sich Naturphänomene ereignen, sondern eine wesentliche Akteurin im Spiel. Sie greift in die Dynamik der Himmelskörper ein, wird von diesen gestört, setzt sie ihrerseits in Bewegung und bestimmt die Geschwindigkeit des Ablaufs der Zeit, dem sie vor Ort unterworfen sind. Masse und Energie bewegen sich in der Zeit nicht in einem leeren und reglosen Raum. Im Gegenteil sind die verschiedenen Verteilungen von bewegter Materie mit der Raumzeit verwoben, in einem Zusammenspiel aus Konfigurationen, das manchmal periodisch und regelmäßig abläuft, aber häufig von katastrophalen Ereignissen ins Chaos gestürzt wird. Es ist ein dynamisches und wechselhaftes Ganzes, in dem große Energiemengen ausgetauscht werden.

Die Gleichungen der Allgemeinen Relativitätstheorie sind ziemlich kompliziert zu lösen, weil die Raumzeit gleichzeitig Teil der Gleichung und deren Lösung ist. Die Eigenschaften der Raumzeit gehen, kurzum, in die Gleichungen ein, während ihre Krümmung deren Lösung ist. All dies wird verständlicher, wenn man berücksichtigt, dass in der gravitativen Krümmung Energie enthalten ist, die ihrerseits weitere Krümmung erzeugt. Diese Schwierigkeit hat sogar ihren Entdecker Albert Einstein einer harten Geduldsprobe unterzogen. Aber immerhin fand er eine Näherungslösung für den Fall einer geringen Raumzeitkrümmung. Zu seiner großen Überraschung gelangte er zu Gleichungen ziemlich ähnlich denen des Elektromagnetismus, mit einer Lösung mit Gravitationswellen, die sich – genau wie elektromagnetische Wellen – mit Lichtgeschwindigkeit ausbreiten.

Wenn die Raumzeit schwingt, transportieren die entstehenden Deformationen bei ihrer Ausbreitung Energie über große Entfernungen. Auch Gravitationsenergie kann emittiert und absorbiert werden, in gleicher Weise, wie die von elektrischen Ladungen emittierte Energie von den Schwingungen des elektromagnetischen Feldes beschleunigt und weitergeleitet wird.

Aber Einstein selbst äußerte sich skeptisch zu der Frage, ob diese Lösung ein reales physikalisches Phänomen beschreiben könnte. Und dafür hatte er beste Gründe. Zu nennen ist vor allem die Schwäche der Gravitationskraft, die gegenüber der elektromagnetischen Wechselwirkung eine verschwindend geringe Intensität hat. Elektromagnetische Wellen lassen sich ganz einfach erzeugen: Elektronen, diese ganz leichten Teilchen, müssen nur beschleunigt werden, damit sie sogleich in alle Richtungen Photonen emittieren. Aber um eine erhebliche Krümmung der Raumzeit herbeizuführen, braucht es gewaltige Massen. Und um Störungen zu erzeugen, die sich wie Wellen ausbreiten, müssten diese zudem noch ungeheuer stark beschleunigt werden. Sterne und Planeten würden den gewaltigen mechanischen Belastungen, denen sie dabei ausgesetzt würden, nicht standhalten. Wie leicht nachzuweisen, würden sie sofort auseinandergerissen. Folglich erschienen Einwände richtig, wonach Gravitationswellen niemals beobachtet werden könnten.

In den ersten Jahrzehnten des vergangenen Jahrhunderts konnte sich niemand vorstellen, dass es Himmelskörper gab, die eine deutlich größere Masse und Dichte als gewöhnliche Sterne hatten, also Gestirne, die so kompakt wären, dass sie den gewaltigen Beschleunigungen standhalten würden, die für die Emission von Gravitationswellen notwendig sind.

Schwarze Löcher sind besonders dichte Objekte, in denen die Masse zahlreicher Sonnen auf ein Volumen von wenigen Dutzend Kilometern Durchmesser zusammengepackt ist. Und eben diese so massereichen und robusten Körper, die von einer gewaltigen Schwerkraft zusammengehalten werden, riefen Phänomene hervor, die es erstmals ermöglichten, Gravitationswellen aufzuspüren.

Als es der Forschung gelang, das Echo einer gigantischen Katastrophe zu registrieren, die eine ferne Galaxie verwüstet hatte, war der aufsehenerregende Nachweis erbracht, dass die Raumzeit Energie über große Entfernungen transportieren kann.

Bei diesem Ablauf gerieten zwei Schwarze Löcher, jedes so schwer wie dreißig Sonnen, auf Kollisionskurs zueinander und setzten dabei eine spektakuläre Aufeinanderfolge von Ereignissen in Gang. Voneinander angezogen, traten sie in eine wahnwitzige Rotation um ihr gemeinsames Schwerezentrum ein und rasten am Ende fast mit Lichtgeschwindigkeit aufeinander zu. Bevor sie bei der Kollision zu einem

Wo die Zeit stehenbleibt

Schwarzen Loch von rund sechzig Sonnenmassen verschmolzen, durchliefen sie paroxysmale Phasen, in denen sie im Bruchteil einer Sekunde eine gigantische Menge an Energie, entsprechend rund drei Sonnenmassen, in Form von Gravitationswellen ins All hinausschleuderten. Diese ultrakompakten Objekte waren in der Lage, die Raumzeit so heftig zu verzerren, dass die entstehenden Wellen sich über das gesamte Universum ausbreiteten und nach einer zurückgelegten Wegstrecke von einer Milliarde vierhundert Millionen Lichtjahren auch unseren Planeten erreichten. Wie ein besonders geschickter Surfer ist die Energie von drei Sonnen auf der Welle der Raumzeit geritten und hat sich dabei über 1,4 Milliarden Jahre im Gleichgewicht gehalten.

Auch wenn die Raumzeit eine unglaublich steife materielle Substanz ist, verfügen manche Naturphänomene über eine solche Gewalt, dass sie sie wie ein gewöhnliches Netz verformen und in Schwingung versetzen können. Der Hammerschlag, den ihr die Kollision zweier Schwarzer Löcher verabreichte, löste in ihr Kräuselungen und Vibrationen aus wie auf der Oberfläche eines Teichs, in den man einen Stein wirft.

Nach der erstmaligen Detektion von Gravitationswellen ist es mithilfe neuer Instrumente und einer stetig verbesserten Technik gelungen, einen ganzen Katalog an weiteren Ereignissen zu registrieren. Empfangen wurden Gravitationswellensignale aus den Kollisionen anderer Schwarzer Löcher und von Neutronensternen, einer anderen Familie kompakter, wenn auch weniger dichter und massereicher Himmelskörper.

Die lange Geschichte der Zeit

Mit der Gravitationsastronomie eröffnete sich eine vollständig neue Perspektive für die Beobachtung und das Verständnis des Universums. Die Energie, die in Form von Gravitationswellen emittiert wird, liefert uns wertvolle Aufschlüsse dazu, wo sich Schwarze Löcher befinden und welche Eigenschaften sie haben. Auf diese Art lassen sich in der Finsternis Objekte, von deren Existenz wir kaum etwas ahnen, eingehend daraufhin untersuchen, welche Rolle sie in der Dynamik des Universums spielen, um dessen dunkle Seite besser zu verstehen.

5

Wenn die Zeit stehenbleibt

Wir wissen über das Universum vieles und können es in weiten Teilen untersuchen, sind bei unseren Forschungen aber auch auf unerwartete Hindernisse gestoßen. So gebärden sich zum Beispiel manche Zonen so turbulent, dass wir auf sie nur schwerlich die Gesetze übertragen können, die wir bei der Erkundung der Bereiche des Alls erstellt haben, die sich ähnlich friedlich und still verhalten wie der von uns bewohnte.

Betrachten wir die Regionen im Umfeld Schwarzer Löcher. Diese Zonen sind keineswegs klein und marginal. Mitunter decken sie weite Teile ganzer Galaxien ab. Bei einigen liegt ein Galaxienkern vor, in dem sich ein Schwarzes Loch von gigantischen Ausmaßen verbirgt, das in einem paroxysmalen Zustand Sterne und anderes Material verschlingt. Dabei stößt es Materiejets aus, die mit ultrarelativistischen Geschwindigkeiten ins All hinausschießen und von einer

Serie monströser Röntgen- oder Gammablitze begleitet werden. Die gesamte Galaxie, die sie beherbergt, wird von kosmischen Kataklysmen erschüttert, mit so gewaltigen Verheerungen, dass sich ihre genauen Dynamiken nur schwer rekonstruieren lassen.

Die Gesetze der Physik, die wir erstellt haben, beschreiben gut stabile Situationen, in denen Gleichgewicht und Regelmäßigkeit herrschen. Aber unsere mathematischen Instrumente und mitunter sogar unsere Denkstrukturen kommen unter Stress, sobald sie komplexe Systeme behandeln müssen, vor allem dann, wenn diese von Gleichgewichtszuständen entfernt sind. Hätte sich beispielsweise unser Sonnensystem um einen Doppelstern herum gebildet, sodass die Erde zwei Sonnen umkreisen würde, die ihrerseits um ein gemeinsames Massezentrum rotierten, verliefe die Umlaufbahn der Erde höchst chaotisch. Unter diesen Bedingungen wäre es extrem kompliziert, wenn nicht unmöglich gewesen, den Gesetzen der Planetenbewegung auf die Spur zu kommen, falls sich auf unserem Planeten überhaupt Leben entwickelt hätte, was keineswegs ausgemacht ist.

Viele Jahrhunderte lang konnten wir über all dies hinweggehen. Wir blickten von unserem friedlichen Beobachtungspunkt in die Welt hinaus und entwickelten die Vorstellung, dass es eine allgemeingültige Ordnung gebe, die wir beliebig auf den gesamten Kosmos übertragen könnten. Längst haben wir diese Haltung als eine der Unwissenheit entsprungene Anmaßung erkannt. Die moderne Wissenschaft sagt uns, dass es zahlreiche Regionen gibt, in der diese Regelmäßigkeit schlichtweg nicht besteht. In anderen, der Forschung völlig unzugänglichen Regionen, liegt für uns das Geschehen vollständig im Dunkeln. Und weitere, ganz besondere, deuten bei gewöhnlichen Phänomenen wie dem Vergehen der Zeit auf mehr als sonderbare Eigenschaften hin.

Die Uhren der Pariser Kommune

Im Frühjahr 1871 erlebte Paris einen weiteren von zahlreichen Aufständen. Das Volk hatte nach der großen Revolution vom 14. Juli 1789 und der turbulenten napoleonischen Ära seinem Unmut immer wieder Luft gemacht, so in den drei Tagen Ende Juli 1830 in seiner Auflehnung gegen die Monarchie: Mit Straßenbarrikaden und Waffen stellten sich Aufständische dem Heer entgegen, stürzten Karl X. mit seinen absolutistischen Bestrebungen und brachten Louis-Philippe von Orléans an die Macht, den ersten konstitutionellen Monarchen Frankreichs. Und die Ereignisse wiederholten sich 1848, in einer besonders turbulenten Zeit für ganz Europa. Ende Februar gewannen die Aufständischen die Kontrolle über Paris und zwangen Louis-Philippe zur Abdankung. Die Zweite Republik wurde errichtet, die Sklaverei abgeschafft und das allgemeine Wahlrecht für Männer eingeführt. Doch dann entfachte eine furchtbare Wirtschaftskrise, von der die Arbeiter und Handwerker der Hauptstadt schwer getroffen wurden, eine neuerliche Erhebung. Nachdem die Armee die verbarrikadierten Straßen mit Kanonen freigeschossen hatte, kam Napoleon III. an die Macht. Und dieser Neffe Napoleon Bonapartes errichtete in einem Staatsstreich das Zweite Kaiserreich.

Unter den Pariser Arbeitern schwelte der Groll über das Blutbad von 1848 und über den unglückseligen Ausgang der großen Revolte weiter und brach sich nach Ende des Deutsch-Französischen Krieges schließlich in einer gewaltigen Explosion Bahn: Von der Niederlage gedemütigt, lehnten die Pariser Arbeiter 1871 eine Unterwerfung ab und gingen zum Aufstand über.

Diesmal handelte es sich wahrhaftig um eine erneute Revolution und einen Kampf mit einem radikalen Ziel: die Einführung einer neuen Staatsform, der Kommune *(Commune)*. Die Aufständischen schafften das stehende Heer ab und bewaffneten die Bürger. Um sich von der Vergangenheit und der Schreckensherrschaft der Jakobiner zu distanzieren, verbrannten sie in einem symbolischen Akt die Guillotine. Und zur Beseitigung jeder Form der nostalgischen Sehnsucht nach dem Kaiserreich rissen sie auf der Place Vendôme die Siegessäule mit Napoleons Standbild nieder.

Errichtet werden sollte ein radikal neuer Staat, der die Träume und Erwartungen des Pariser Volkes widerspiegelte. Das Bildungssystem sollte von der Kirche unabhängig und für die Bürger kostenlos werden, Richter und Beamte wurden wählbar und abrufbar, und die Volksvertreter erhielten Gehälter, die Arbeiterlöhnen entsprachen. Diesmal sollte alles auf den Kopf gestellt werden: Kunst, Wissenschaft, Literatur und das Leben aller.

Wo die Zeit stehenbleibt

In den allerersten Tagen des Aufstands zerschossen die Revolutionäre der Commune systematisch öffentliche Uhren. Die neu errichtete Welt sollte die Zeit anhalten, die ihnen das Leben stahl und ihre Familien zerstörte. Mit der Vernichtung von Uhren versuchten sie, die eigenen Geschicke zu verändern, die von der Zeit der Tyrannei geprägt gewesen waren.

Während der Großen Revolution von 1789 war bewusst darauf gesetzt worden, den Kalender zu verändern. Die neue Ära sollte auch mit Blick auf die Zeitmessung einen Bruch mit der Vergangenheit signalisieren. Mit dem Untergang der Monarchie sollte die Epoche der Lüge und Knechtschaft enden. Neue Monatsnamen spiegelten das jahreszeitliche Klima oder die wichtigsten wiederkehrenden Arbeiten in der Landwirtschaft in Frankreich wider: Nirvôse («Schneemonat»), Brumaire («Nebelmonat»), Messidor («Erntemonat»), Vendémiaire («Weinlesemonat») und so weiter.

Unter der Commune wurde für einige Wochen der alte republikanische Kalender wieder eingeführt, den Napoleon 1805 außer Kraft gesetzt hatte. Aber jetzt genügte dies nicht mehr. Der Bruch fiel noch radikaler aus. Die Zeit sollte zum Stillstand gebracht und ein Anfang auf völlig neuen Grundlagen gemacht werden.

Die Hoffnungen und Illusionen dieser Monate wurden im Blut ertränkt. Bei der vernichtenden Niederlage gingen die Toten in die Zigtausende. Aber dieser Versuch, den Himmel zu erstürmen und dabei alles umzustürzen, bildete weiterhin den Hintergrund der sozialen Kämpfe des 19. und mündete schließlich in die revolutionären Bestrebungen Russlands zu Beginn des 20. Jahrhunderts.

Einige der «verrückten» Ideen dieser Zeit des großen Aufruhrs blieben im Untergrund im Umlauf, in Bewegungen, die sich auf den Gebieten von Kunst und Literatur formierten.

Einer der Tausenden Kommunarden, Sohn eines Schreiners und selbst Keramiker, trat in die Nationalgarde ein und wurde Hauptmann der Dritten Kompanie des 13. Föderalen Bataillons. Der tapfere Soldat freundete sich mit Capitaine Charles de Sivry an, dem Sohn von Antoinette-Flore Mauté, die seit einem Jahr Schwiegermutter des Dichters Paul Verlaine war. Charles de Sivry war Dirigent und seine Mutter, Madame Mauté, eine hervorragende Pianistin. Die Familien der beiden Kommunarden besuchten sich gegenseitig. Dabei fiel den beiden Musikern sofort Achille-Claude auf, der Sohn des Keramikers, der einige Klavierstunden genommen hatte und schon mit neun Jahren ein außergewöhnliches Talent zeigte. Dies waren die ersten Schritte in der Ausbildung Claude Debussys (1862–1918), eines der größten französischen Komponisten aller Zeiten.

Der junge Musiker wurde bald zu einem der talentiertesten und diszipliniertesten Schüler des Konservatoriums von Paris. 1894 komponierte er mit ungefähr 32 Jahren das kurze *Prélude à l'après-midi d'un faune,* das vielen als das Werk gilt, das der gesamten Musik des 20. Jahrhunderts den Weg ebnete. Zu den Klängen des *Prélude* schuf übrigens 1912 der russische Tänzer und Choreograf Vaslav Nijinsky (1889–1950) das Ballett, das mit der klassischen Tradition brach und die Fundamente des zeitgenössischen Tanzes legte.

In seinem Hauptwerk überführte der junge Debussy die Musik in ein Klangbild. Er veränderte tiefgreifend die Entwicklung des musikalischen Tempos, stützte sich auf keinen Grundschlag und gab keinen klar festgelegten Rhythmus vor. Seine zarten Harmonien entwickeln sich aus den Klangfarben der verschiedenen Instrumente, um eine musikalische Sprache zu erschaffen, in der sich traumartige Szenarien zum Ausdruck bringen ließen.

Wer weiß, ob in Debussys Streben nach Auflösung des Zeitmaßes in der Musik nicht etwas von der Erfahrung seines Vaters, des Kommunarden, mit eingeflossen ist. Als ein Nachhall aus der Epoche, in der man in Paris den Versuch unternahm, die Zeit zum Stillstand zu bringen, um den Himmel zu erstürmen.

Höllenorte, an denen die Zeit sich auflöst

Keiner der Kommunarden hätte sich je vorgestellt, dass schon gut ein Jahrhundert nach ihrer missglückten Revolte visionäre Wissenschaftler Theorien dazu erstellen würden, dass es im Universum Orte gibt, an denen die Zeit tatsächlich stillsteht.

Im Jahr 2020 ging der Nobelpreis für Physik gemeinschaftlich an Roger Penrose (*1931), Andrea Ghez (*1965) und Reinhard Genzel (*1952) für ihre Beiträge zum Verständnis der Schwarzen Löcher. Diese höchste Auszeichnung für die drei Forscher bestätigt die immer bedeutendere Rolle, die diese bizarre Familie von Himmelskörpern in der modernen Wissenschaft spielt.

Wieder ging es um eine der zahlreichen Konsequenzen von Einsteins Allgemeiner Relativitätstheorie. Und auch bei dieser herrschte lange Zeit der Glaube, dass es sich um rein mathematische Kuriosa ohne jeden Realitätsbezug handele.

Der deutsche Physiker Karl Schwarzschild (1873–1916) hatte sich mit gut vierzig Jahren als Freiwilliger im Ersten Weltkrieg gemeldet und kämpfte in einer Artilleriestellung an der russischen Front. 1916 gelang es ihm, sich den Artikel Einsteins zuschicken zu lassen, der die Geschichte der Physik verändern sollte. In Gefechtspausen arbeitete der unglückliche geniale Physiker konzentriert an dem Versuch, die Krümmung der Raumzeit in der Nähe stationärer und vollkommen sphärischer Sterne zu beschreiben. Zur Vereinfachung seiner Berechnungen führte er ein neues Koordinatensystem ein. In einer kugelsymmetrischen Raumzeit gibt es für Einsteins Feldgleichungen exakte Lösungen, wobei sich für jede Masse ein Radius – später als der «Schwarzschildradius» bezeichnet – definieren lässt, unterhalb dessen eine Singularität entsteht: eine Raumzeitkrümmung, die so gewaltig ist, dass sie selbst Licht gefangen hält. Nichts von dem, was sich innerhalb dieses Radius befindet, kann der Anziehung der Gravitation entrinnen, weil seine Fluchtgeschwindigkeit dazu über der des Lichts liegen müsste.

Schwarzschild schickte seine Berechnungen Einstein per

Wo die Zeit stehenbleibt

Brief zu: Seine Ergebnisse waren so faszinierend, dass dieser beschloss, sie sofort in Schwarzschilds Namen der Königlich Preußischen Akademie der Wissenschaften zu Berlin vorzulegen. Die Lösung war elegant, aber weder Einstein noch Schwarzschild selbst wagten zu schreiben oder sich auch nur vorzustellen, dass sich hinter dieser mathematischen Formulierung eine bislang noch nicht entdeckte Klasse von Himmelskörpern verbergen könnte. Kein bekanntes Phänomen hätte eine so gewaltige Menge Materie auf einen so begrenzten Raum zusammendrängen können. Leider währte der Dialog zwischen den beiden Wissenschaftlern nicht lange. Anfang 1916 erkrankte Schwarzschild schwer und verstarb wenige Monate später.

Man musste bis in die Sechzigerjahre warten, um auf erste Forschungsarbeiten mit der Hypothese zu stoßen, dass es sich um reale astronomische Objekte handeln könnte. Roger Penrose vertrat als einer der Ersten die Idee, dass aus dem Kollaps besonders massereicher Sterne gravitative Singularitäten entstehen könnten. Seine Hypothese, dargelegt in einem Artikel von 1965, sollte viele Jahre später als Ausgangspunkt eines neuen Forschungsfeldes Anerkennung finden. Penrose und der ganz junge Stephen Hawking (1942–2018) veröffentlichten eine Reihe bahnbrechender Untersuchungen zu dieser neuen Familie seltsamer Objekte. Beide vertraten die Ansicht, dass es in unserem Universum raumzeitliche Singularitäten gebe, Orte, an denen die Zeit zum Stillstand komme, ihre Bedeutung verliere, sich gleichsam auflöse. Der Moment war gekommen, nach Signalen ihres Vorhandenseins zu fahnden und deren Merkmale zu untersuchen.

Im Jahr 1967 schuf der amerikanische Physiker John Wheeler (1911–2008) – mit einem Augenzwinkern – den Begriff «Schwarzes Loch» für die Objekte, die bis dahin «schwarze» oder «gefrorene» Sterne geheißen hatten. Um die Doppeldeutigkeit hervorzuheben, formulierte Wheeler das sogenannte No-hair-Theorem mit dem Ausdruck: «Schwarze Löcher haben keine Haare», und machte seine Nomenklatur so noch provokanter. Damit entfesselte er eine Jagd nach allen möglichen Signalen, die auf die Existenz dieser Objekte hindeuten konnten. Die Ergebnisse dieser Jagd haben die moderne Astrophysik tiefgreifend geprägt.

Ein Schwarzes Loch *direkt* sehen zu wollen, ist per Definition unmöglich. Das Objekt hat eine so gewaltige Anziehungskraft, dass jedes von ihm ausgestrahlte Photon wie ein Stein wieder auf es herabfallen muss. Die vom Schwarzschildradius festgelegte Oberfläche heißt «Ereignishorizont», weil keine Information aus dem von ihm umschlossenen Volumen ins Universum hinausgelangt. Wie ein dunkler Vorhang trennt dieser Horizont unsere Welt von der der Singularität ab. Er verbirgt vor unseren Augen die Orte, in denen die Zeit ihre Bedeutung verliert, als wolle er uns davor bewahren, mit derartig paradoxen Situationen konfrontiert zu werden.

Wenn ein Schwarzes Loch mit dem Material von Sternen oder mit einem anderen Schwarzen Loch in eine Wechselwirkung eintritt, kommt es zu einer spektakulären Begegnung. Dabei entstehen verschiedenartige Signale, die wir inzwischen auffangen und erkennen können. Seit Ende der Sechzigerjahre ist der Katalog der entdeckten Schwarzen Löcher von Jahr zu Jahr weiter angewachsen.

Die bislang aufgetauchten unterteilen sich in zwei Hauptkategorien: in die stellaren und in die supermassereichen Schwarzen Löcher. Zwischen beiden bestehen große Unterschiede, nicht nur in der Größe und den Merkmalen, sondern auch in den Entwicklungsstufen, aus denen sie hervorgingen und die sie durchliefen.

Stellare Schwarze Löcher sind astronomische Körper von ungeheurer Dichte. Dabei sind sie, verglichen mit einem Stern oder Planeten, wahrhaftig winzig. Könnten wir sie irgendwie auf der Erde unterbringen, ohne dass sie diese sofort zerstören würden, fänden sogar die größten im Raum einer Großstadt wie Paris oder London bequem Platz. Aber in diesem eher bescheidenen Volumen der Schwarzen Löcher konzentriert sich eine Masse von zig Sonnen. Wo es der Schwerkraft gelingt, so abnorme Mengen an Materie auf so kleine Räume zusammenzupacken, erreicht die Dichte ungeheuerliche Werte.

Noch komplizierter liegen die Dinge, wenn man betrachtet, dass sich die Masse Schwarzer Löcher in dem finsteren Ellipsoid, den ihr Ereignishorizont umschießt, nicht gleichförmig verteilt. Im Gegenteil, sie konzentriert sich mutmaßlich im Zentrum dieses Volumens. In dieser Zone von verschwindend geringen Ausmaßen herrscht eine unendlich starke Krümmung, die eine Singularität der Raumzeit darstellt. Da die allermeisten Schwarzen Löcher den Vermutun-

Wenn die Zeit stehenbleibt

gen nach ein Drehmoment haben, also rasant um die eigene Achse rotieren, müsste dieser Ellipsoid an den Polen stark abgeflacht und seine Materie im Volumen eines kleinen Kringels im innersten Kern konzentriert sein. Eine solche Materiekonzentration erzeugt eine Raumkrümmung, die gegen unendlich strebt, sodass Raum und Zeit in dieser Zone die Bedeutung verlieren. Und noch beunruhigender, diese punktförmige Konzentration würde das Prinzip der Unschärferelation verletzen, das einen Eckpfeiler der Quantenmechanik darstellt.

Hier haben wir es mit dem sprichwörtlichen Höllenschlund, einem Fass ohne Boden zu tun, das alles verschlingt, was in seine Nähe gerät. Der schrecklichste Alptraum, eine Urangst hat sich in Realität verwandelt. Dort unten, im Zentrum der Region hinter dem Ereignishorizont liegen die geheimnisvollen Zonen verborgen, in denen die Zeit sich auflöst und die solidesten Prinzipien der modernen Physik ins Wanken geraten.

Das spektakuläre Ende von Beteigeuze

Der Stern Beteigeuze im Sternbild Orion ist am Nachthimmel mit bloßem Auge erkennbar. Die Helligkeit dieses Roten Überriesen schwankt spürbar, weil er in die Endphase seiner langen Existenz eingetreten ist. Durch leistungsfähige Teleskope betrachtet, zeigt er eine etwas unregelmäßige Form, die eine gewaltige Masse umfasst: Er bringt rund das Zwanzigfache der Sonne auf die Waage. Würde er mit seinem gewaltigen Durchmesser ins Zentrum unseres Sonnensystems platziert, verschlänge er sofort Merkur, Venus, die Erde und Mars und reichte bis nahe an die Umlaufbahn des Jupiters heran.

Beteigeuze sendet unmissverständliche Signale aus, dass sein nuklearer Brennstoff zur Neige geht und ihm der finale Kollaps bevorsteht. Er könnte jeden Moment explodieren, sich also in eine gigantische Supernova verwandeln, aber wann dies geschieht, kann niemand exakt vorhersagen. Angesichts der Unsicherheiten, die Supernovae kennzeichnen, könnte seine Agonie noch Jahrtausende dauern. Aber wenn er explodiert, beschert er uns ganz sicher ein unvergessliches Schauspiel.

Dann erstrahlt am Himmel ein neuer Stern, der auch bei Tag sichtbar bleibt und selbst den Vollmond an Helligkeit übertrifft. Über Wochen wird es auf der Erde nachts nicht mehr richtig dunkel. Daraufhin lässt die Leuchtkraft des neuen Sterns allmählich nach, auch wenn er noch für einige Jahrhunderte zu sehen sein wird. Auf dem Höhepunkt des Geschehens hat er seine äußeren Schichten mit gigantischer Geschwindigkeit ins umliegende All hinausgeschleudert, während sein innerster Kern beim gravitativen Kollaps zermalmt und so stark zusammengedrückt wurde, dass er sich zu einem obskuren Objekt mit einem Radius von wenigen Dutzend Kilometern verdichtet hat. Die Erdenbewohner, die dieses wundersame und beängstigende Schauspiel beobachten, das sich über ihren Köpfen in sechshundert Lichtjahren

Wenn die Zeit stehenbleibt

Entfernung abspielt, können dann sagen, dass sie Zeuge des Sterbens eines Sterns und der Geburt eines Schwarzen Lochs geworden sind.

Schwarze Löcher können auch aus Neutronensternen entstehen, die kollabieren, weil sie die kritische Masse erreicht haben: durch Aufnahme von Materie eines gewöhnlichen Sterns, der sie in einem Doppelsystem begleitet, oder durch die Verschmelzung mit einem anderen Neutronenstern.

Wenn nicht durch Glück eine Supernova auf ein entstehendes Schwarzes Loch hinweist, besteht die einzige Hoffnung, einen solchen Himmelskörper aufzuspüren, in der Suche nach gewöhnlichen Sternen, die sich unnormal verhalten, zum Beispiel einer ganz seltsamen Umlaufbahn folgen oder eine Deformation zeigen – ein klarer Hinweis darauf, dass sie sich im Einflussbereich eines Schwarzen Lochs befinden. Als besonders effizient auf der Jagd nach stellaren Schwarzen Löchern hat sich die Suche nach binären Systemen erwiesen, die Röntgenstrahlen emittieren.

Ein binäres oder Doppelsystem besteht aus zwei astronomischen Körpern, die einander so nahe sind, dass sie die gravitative Anziehung in einen Orbit um ihren gemeinsamen Massemittelpunkt zwingt. Ist einer der beiden Körper ein Schwarzes Loch, kann seine gewaltige Schwerkraft vom Begleitstern riesige Massen an ionisiertem Gas abziehen. Dieses Plasma wird wie eine Art lange Rauchfahne auf einer spiralförmigen Umlaufbahn in das Schwarze Loch hineingerissen. Um dieses extrem dichte Objekt herum bildet sich ein gewaltiger Halo aus ionisierter Materie, eine sogenannte Akkretionsscheibe. Weil deren Drehmoment erhalten bleibt, wird ihre Geschwindigkeit desto größer, je weiter sie sich dem Schwerezentrum nähert. In den Fetzen dieses Plasmas vom Begleitstern ereignen sich katastrophale Kollisionen, die turbulente Phänomene erzeugen. Durch den rasenden Umlauf des ionisierten Gases um das Schwarze Loch entstehen gewaltige Magnetfelder, die ihrerseits mit dem Material wechselwirken, das in die Singularität stürzt. Dabei erhitzt es sich auf Temperaturen von zig Millionen Grad und emittiert Photonen in sämtlichen Wellenlängen, die aus der Akkretionsscheibe in imposanten hochenergetischen Strömen ins All hinausschießen: Das Schwarze Loch ist zu einer astronomischen Röntgenquelle geworden. Wenn in einem binären System ein Begleitstern, der im sichtbaren Bereich erkennbar ist, eine «unsichtbare» Röntgenquelle umkreist, stehen die Chancen gut, dass es sich dabei um ein stellares Schwarzes Loch handelt.

Zum Vorschein kamen bislang auch Schwarze Löcher, die an den Polen kosmische Jets ausstoßen – immens lange symmetrische Fahnen, schlanke Materiefilamente, die mit relativistischen Geschwindigkeiten ausgeschleudert werden. Diese Jets erstrecken sich über ungeheure Entfernungen und können ihrerseits Blitze aus hochenergetischer elektromagnetischer Strahlung oder geladene Teilchenströme emittieren.

Eine Akkretionsscheibe und relativistische Jets an den Polen verwandeln die Zone um ein Schwarzes Loch herum in eine Hölle. Stellare Schwarze Löcher sind hochgefährlich: Sie können jeden ihnen zu nahe kommenden Himmelskörper in

Wenn die Zeit stehenbleibt

Stücke reißen. Und wenn die Materie in der Akkretionsscheibe ins Umfeld des Ereignishorizonts gerät, wird sie von den entfesselnden Gezeitenkräften vollständig zermalmt.

Gezeitenkräfte wirken, wenn ein Körper in seiner Umgebung einer räumlich variierenden gravitativen Anziehung ausgesetzt ist. Der Begriff geht auf die Gezeiten im eigentlichen Wortsinn zurück, bei denen die Schwerkraft des Mondes auf die entgegengesetzten Seiten mit unterschiedlicher Intensität einwirkt. Diese Unterschiede sorgen für den periodischen Wechsel von Ebbe und Flut an den Küsten und wirken in geringerem Maße sogar auf Gebirge ein. Stellare Schwarze Löcher üben Gezeitenkräfte aus, die sich noch Tausende Kilometer vom Ereignishorizont entfernt mit ungeheurer Stärke bemerkbar machen. Diese kompakten, mehrere Sonnenmassen schweren Objekte können aus der Ferne alles zerreißen, was sich ihnen nähert: einen mehrere Kilometer dicken felsigen Asteroiden oder ein Raumschiff mit mutigen Forschungsreisenden an Bord. Wenn die Gezeitenkräfte deutlich größer werden als die Kohäsionskräfte des von ihnen erfassten Materials, verformen und dehnen sie es, reißen es in Fetzen und pulverisieren es am Ende zu einem dünnen Gas aus elementaren Bestandteilen. Stellare Schwarze Löcher bilden auch weit außerhalb ihres Ereignishorizonts ein hochgefährliches Umfeld, sodass man sich besser nicht allzu nahe an sie heranwagt, um einen Blick zu riskieren.

In unserer Galaxis wurden bislang rund fünfzehn stellare Schwarze Löcher identifiziert. Die kleinsten, wenn man sie so nennen will, sind fünfmal massereicher als die Sonne. Die größten bringen bis über siebzig Sonnenmassen auf die Waage. Obwohl vergleichsweise selten, bevölkern diese Objekte scharenweise alle Galaxien einschließlich unserer. Die neuesten Schätzungen gehen davon aus, dass sich in der Milchstraße hundert Millionen Schwarze Löcher tummeln.

Wie wir bereits sahen, lassen sich zwei miteinander verschmelzende Schwarze Löcher anhand der Gravitationswellen aufspüren, die sie in der Schlussphase ihrer Kollision aussenden. Seit einigen Jahren wurde der Instrumentenkasten, mit dem wir die Liste dieser Körper verlängern können, um so manches neue Gerät bereichert. Mithilfe der Laser-Interferometer, die Gravitationswellen detektieren, wurde bereits ein Dutzend Doppelsysteme aus stellaren Schwarzen Löchern ermittelt. Dabei stehen wir in diesem neuen Forschungsfeld erst am Anfang.

Mithilfe der Gravitationsastronomie können wir neue Himmelskarten erstellen und vielleicht manche Eigenschaften entdecken, die sich hinter dem Ereignishorizont stellarer Schwarzer Löcher verbergen. Wenn diese kollidieren, reißen sie auseinander, setzen Energien frei, die hinter dem Ereignishorizont eingesperrt waren, und verteilen sie durch das gesamte Universum. In baldiger Zeit verraten uns die Gravitationswellen vielleicht auch etwas von dem Geschehen hinter dieser Brandwand, die diese Schreckensorte mit ihrer stillstehenden Zeit gegen unsere Blicke abschottet.

Wenn die Zeit stehenbleibt

Die Meister des Schreckens

Wen die stellaren Schwarzen Löcher beeindruckt haben, der halte sich nun fest: Die wahrhaftigen Meister des Schreckens sind die supermassereichen Schwarzen Löcher, echte Monstren, denen sich kein Mensch mit gesundem Verstand nähern würde. Diese furchteinflößenden Objekte beschwören Katastrophen herauf, im Vergleich zu denen jene, die von stellaren Schwarzen Löchern verursacht werden, wie ein Kinderspiel erscheinen. Während die zuletzt genannten kompakte kleine Kugeln mit einem Durchmesser von wenigen Dutzend Kilometern sind, erreichen supermassereiche Schwarze Löcher mitunter Ausdehnungen von vielen Milliarden Kilometern. Sie sind die mit Abstand gigantischsten Himmelskörper des gesamten Universums. In einigen von ihnen ließe sich mit viel Luft unser gesamtes Sonnensystem unterbringen. Während stellare Schwarze Löcher bis zu hundert Sonnenmassen auf die Waage bringen, sind es bei den supermassereichen entsprechend Millionen oder gar Milliarden.

Reinhard Genzel und seine Kollegin Andrea Ghez, die beiden Astronomen, die sich 2020 mit Penrose den Nobelpreis teilten, wurden für den Nachweis ausgezeichnet, dass es sich bei Sagittarius-A* um ein supermassereiches Schwarzes Loch im Zentrum unserer Galaxis handelt. Es ist über vier Millionen Sonnenmassen schwer und kann wie alle seinesgleichen nicht direkt beobachtet werden. Die beiden Forscher hielten es zunächst für eine normale kompakte Radioquelle, vermu-

Wo die Zeit stehenbleibt

teten aber ein gigantisches Schwarzes Loch, nachdem sie die seltsamen Umlaufbahnen von Sternen in seiner Nähe untersucht hatten. Tatsächlich wurde es mit Wahnsinnsgeschwindigkeiten von über 20 000 km/s von Sternen umrundet, die höchst ausgeprägten elliptischen Umlaufbahnen folgten. Sterne zu beobachten, die mit 7 Prozent der Lichtgeschwindigkeit durchs All jagen, ist höchst ungewöhnlich, und wenn sie dann auch noch so verrückte Bahnen ziehen, bedeutet dies, dass sie ein Schwerezentrum mit monströser Kraft gefangen hält. Dann kamen auch noch gewaltige Gaswolken zum Vorschein, die mit 100 000 km/s, einem Drittel von c, auf dieses «Nichts» zurasten, das offenbar alles in seiner Nähe an sich riss. Anschließend sammelten die Forscher Hinweise auf eine Akkretionsscheibe und variierende Signale im Röntgenspektrum – typisch für ein Schwarzes Loch, das große Mengen an Materie verschlingt. Und wie sich schließlich auch zeigte, verlor das Licht der Sterne auf ihrer Umlaufbahn um das Objekt an Energie, sobald sie den intensivsten Bereich seines Gravitationsfelds durchquerten. Damit waren die letzten Zweifel zerstreut: Sagittarius-A* ist ein gewaltiges Schwarzes Loch. Auch unsere friedliche Milchstraße birgt in seinem Zentrum einen Vertreter der furchterregendsten und turbulentesten Klasse von Himmelskörpern: ein supermassereiches Schwarzes Loch.

Inzwischen ist klar, dass jede große Galaxie um eines dieser so imposanten Objekte rotiert. Wie in einer Ironie des Schicksals umrunden die großen kosmischen Kreisel unseres Sonnensystems, die uns von jeher faszinieren und mit ihrer

Wenn die Zeit stehenbleibt

periodischen und regelmäßigen Bewegung unsere Sicht von der Zeit bestimmten, ausgerechnet jene Punkte, in denen die Zeit nicht existiert. Die zentrale Achse, um die sich das wunderbare Karussell der Zeit unaufhaltsam dreht, «birgt» keine Zeit.

Trotz seiner ungeheuren Masse wird Sagittarius-A* von noch gewaltigeren Schwarzen Löchern in den Schatten gestellt. Das im Zentrum von NGC-4261, einer Galaxie im Sternbild Jungfrau, ist über eine Milliarde Sonnenmassen schwer. Doch den derzeitigen absoluten Rekord hält J2157, das 34 Milliarden Sonnenmassen auf die Waage bringt. Gegenüber einem solchen Schwarzes Loch mit der Masse einer mittelgroßen Galaxie wirkt Sagittarius-A* wie ein harmloses Spielzeug.

Entdeckt wurden diese Monstren, als Forscher aktive Galaxienkerne untersuchten, also jene kleinen kompakten Zentralregionen von Galaxien, die mit gewaltiger Leuchtkraft Strahlen in einem breiten elektromagnetischen Spektrum aussenden. Ermittelt wurden verschiedene Familien aktiver Galaxienkerne, in denen ganz unterschiedliche Prozesse ablaufen. Manche sind besonders starke Radioquellen, andere zeigen relativistische Jets von monströsen Ausmaßen, und wieder andere schicken eindrucksvolle Energieblitze im Röntgen- oder Gammabereich ins All. Alle diese Phänomene gehen aus einem einzigartigen Prozess hervor: dem Sturz von Materie ins supermassereiche Schwarze Loch im Zentrum des Galaxienkerns. Überbleibsel ganzer Welten werden

Wo die Zeit stehenbleibt

zermalmt und strahlen Energie ab, während sie in den Abgrund stürzen. In der absoluten Stille des Kosmos kündet die rastlose Aktivität supermassereicher Schwarzer Löcher von einer endlosen Abfolge grauenerregender Katastrophen, beispielloser Kataklysmen, die Milliarden von Sternen zerstören können.

Von diesen Supergiganten liegt uns M87* am nächsten. Dieses Schwarze Loch befindet sich im Sternbild Jungfrau, im Zentrum der elliptischen Riesengalaxie Messier 87, die rund 53,5 Millionen Lichtjahre von uns entfernt ist. Seine Masse wird auf die von über sechs Milliarden Sonnen geschätzt, mit einem entsprechenden Radius des Ereignishorizonts von 38 Milliarden Kilometern. Seine Ausdehnung ist so riesig, dass sich unser gesamtes Sonnensystem bequem in ihm unterbringen ließe, einschließlich der exzentrischen Umlaufbahn Plutos, der 2006 zum Zwergplaneten herabgestuft wurde. M87* brachte es deshalb zur Berühmtheit, weil die Astronomen des Event Horizon Telescope (EHT) mit Dutzenden zusammengeschalteten Radioteleskopen eine Aufnahme von ihm erstellen konnten, die anschließend um die Welt ging. Klar erkennbar ist die es umgebende Akkretionsscheibe, die sich vor dem Hintergrund seines gigantischen Ereignishorizonts abzeichnet.

Auch wenn es zahlreiche Hypothesen dazu gibt, wie diese so sperrigen Himmelskörper entstehen, erklärt offenbar keine befriedigend, wieso sie eine derartige Größe erreichen. Wir wissen, dass Schwarze Löcher im Zentrum von Galaxien übermächtig anwachsen können, weil sie nach und nach alles um sich herum verschlingen. Aber im Zentrum von Galaxien wurden auch ganz junge Schwarze Löcher entdeckt, bei denen die Zeit für ein derartiges Wachstum nicht ausgereicht hätte. Manche vermuten, dass sich wenige Sekunden nach dem Urknall primordiale Schwarze Löcher gebildet hätten, mikroskopische Objekte, gerade einmal so groß wie ein Atom, aber mit der Fähigkeit, eine Masse in der Größe des Mount Everest zu beherbergen. Entstanden seien sie, als die eindrucksvollen Dichtefluktuationen des Uruniversums in kleinen Materieportionen einen gravitativen Kollaps auslösten. Durch eine Fusion mit anderen sollen sie zu immer massereicheren Himmelskörpern herangewachsen sein, die so nicht mehr verdampfen oder sich auflösen konnten. Andere Theorien gehen von einer Zusammenballung der gewaltigen primordialen Gasnebel in Quasi-Sternen aus, höchst instabilen Objekten, die zu gewaltigen Schwarzen Löchern zusammenfielen, bevor sie sich zu gewöhnlichen Sternen entwickeln konnten.

Der einzige positive Aspekt an diesen Monstern ist, dass über ihrem Ereignishorizont nur geringfügige Gezeitenkräfte wirken. Ihre abnorme Größe macht sie scheinbar weniger aggressiv als ihre «kleineren» Brüder, die stellaren Schwarzen Löcher. Die supermassereichen Löcher haben eine sehr geringe mittlere Dichte: eine desto geringere, je massereicher sie sind.

Die Dichte Schwarzer Löcher mit einer Milliarde Sonnenmassen entspricht ungefähr der von Wasser, während die der noch massereicheren bei der von Luft liegen kann. Dadurch

Wo die Zeit stehenbleibt

wirken über dem Ereignishorizont weitaus geringere, ja fast gar keine Gezeitenkräfte. Bemerkbar machen sie sich erst in größerer Nähe zur Singularität im Zentrum, das angesichts der gewaltigen Ausdehnung dieser Objekte erst weit hinter dem Ereignishorizont erreicht wird. Kurzum, unter bestimmten Bedingungen könnten wir ihn durchqueren, ohne in Stücke gerissen zu werden oder von den Gezeitenkräften überhaupt etwas zu bemerken, während wir unsere Reise ins Zentrum des supermassereichen Schwarzen Lochs noch lange Zeit fortsetzen.

Die Physik der Punkte ohne Zeit

Nicht zufällig hat in der Literatur häufig der Teufel die Hand im Spiel, wenn irgendwo die Zeit zum Stillstand kommt. In Goethes *Faust,* dem bedeutendsten Werk der Weimarer Klassik, schließt der Doktor einen Pakt mit Mephistopheles. Und auch Dorian Gray, Oscar Wildes Titelfigur im gleichnamigen Roman, steigt gleichsam in die Hölle hinab, als er dem Traum von der ewigen Jugend hinterherjagt.

Die geradezu infernalischen Verhältnisse im Umfeld Schwarzer Löcher scheinen dieses uralte Vorurteil zu bestätigen. Die Gravitation bringt die Zeit zum Stillstand und verdrillt die Raumzeit, bis jeder Sinn aus ihr weicht. Der Feuerkreis, der den Ereignishorizont umgibt, gemahnt dabei an uralte Schrecken: okkulte Orte des Grauens wie die lodernde Gehenna, beherrscht vom Kinder verschlingenden Moloch

Wenn die Zeit stehenbleibt

oder bewacht von scheußlichen Wächtern wie der Medusa, der Gorgo, die jeden, der sich in die Unterwelt hineinwagt, mit ihrem Blick zu Stein erstarren lässt.

Diese monströsen Grenzen, die den Blick auf Zonen verstellen, in denen die Zeit zum Stillstand kommt, bergen sicherlich entsetzliche Orte, aber womöglich auch die wissenschaftlichen Geheimnisse, nach denen wir seit Jahren fahnden. Es ist der Traum eines jeden Wissenschaftlers, die physikalischen Gesetze zu dechiffrieren, die in der Nähe der Singularitäten der Raumzeit herrschen. Die vom Ereignishorizont umschlossene Zone direkt erkunden zu können, ist ein an Wahnsinn grenzender Traum: Jeder weiß, dass eine solche Reise unmöglich ist. Und würde man sie antreten, endete sie für jeden fatal, der sich auf sie einließe. Aber in der eigenen Vorstellungswelt bringt man sich nicht in Gefahr. Und schon brechen wir in der Fantasie zu diesem Unternehmen auf, das uns die Gesetze der Physik verbieten.

Stephen Hawking, ein Spaßvogel, schloss mit Freunden und Kollegen gerne extravagante Wetten ab. So setzte er zum Beispiel gegen Gordon Kane (*1937), einen Theoretiker der Supersymmetrie, hundert Dollar darauf, dass das Higgs-Teilchen niemals gefunden würde. Nach dessen Entdeckung 2012 bezahlte er seine Wettschulden gerne mit dem Geständnis, dass ihn diese Niederlage durchaus freue. Im gleichen Geist hatte er mit Kip Thorne (*1940) 1974 mit provokantem Unterton darum gewettet, dass sich Cygnus X-1 niemals als ein Schwarzes Loch herausstellen würde, obwohl diese Rönt-

Wo die Zeit stehenbleibt

genquelle dafür die aussichtsreichste Kandidatin war. Interessant für ein Verständnis von Hawkings Denken ist eine Äußerung, die er ein Jahr später veröffentlichte: «Die Wette mit Kip war eine Art Versicherungspolice. Ich habe in die Erforschung Schwarzer Löcher eine Menge Arbeit investiert, und das alles hätte sich als gewaltige Zeitverschwendung erwiesen, wäre herausgekommen, dass es diese gar nicht gibt. Aber dann hätte mich mein Gewinn getröstet, ein Vier-Jahres-Abonnement der Zeitschrift ‹Private Eye›.» Als 1990 die Daten bestätigten, dass Cygnus X-1 ein binäres System aus einem Schwarzen Loch mit einem Begleitstern war, zeigte sich Hawking überglücklich, Thorne mit seinem Wetteinsatz auszuzahlen – ein Jahresabonnement von «Penthouse», dem Männermagazin mit den nackten Frauen.

In diesem Sinn stelle ich mir gerne eine weitere Wette zwischen den beiden vor. Kip Thorne, für die Entdeckung der Gravitationswellen mit dem Nobelpreis ausgezeichnet, war zusammen mit Hawking einer der überzeugtesten Unterstützer der Hypothese, wonach Schwarze Löcher astronomische Objekte seien. Wir können uns also eine Wette zwischen beiden Freunden darüber vorstellen, dass es gelingt, einen solchen Himmelskörper real zu erkunden.

Dazu muss zunächst einmal ein supermassereiches Schwarzes Loch ausgewählt werden. Diese Reise wird auf jeden Fall hochgefährlich und endet sicherlich fatal, wohingegen bei einem stellaren Schwarzen Loch noch dazu die Wahrscheinlichkeit bei null liegt, dass der Ereignishorizont unbeschadet durchquert werden kann. Die beiden einigen

Wenn die Zeit stehenbleibt

sich auf M87*, das supermassereiche Schwarze Loch, das es zur Berühmtheit brachte, weil seine Fotografie auf den Titelseiten in aller Welt erschien.

Nehmen wir an, wir hätten zwei Zwillingsraumfahrzeuge, eines unter dem Kommando Hawkings, der sich dafür entschieden hat, M87* in einem sicheren Abstand zu umkreisen. Mutiger hat Thorne darauf gesetzt, dass er den Ereignishorizont durchqueren kann, um einen Blick ins Innere des Schwarzen Lochs zu werfen.

In der Fantasie können wir einige «Details» vernachlässigen, zum Beispiel, wie es die beiden Raumfahrzeuge geschafft haben, die fünfzig und noch mehr Millionen Lichtjahre bis zu Messier 87 zurückzulegen. Und wie konnten sie unbeschadet das Inferno der Akkretionsscheibe von M87* passieren, deren Auswirkungen schon lange vor Erreichen des Ereignishorizonts spürbar werden? Gehen wir über all dies hinweg und konzentrieren uns auf das Wesentliche.

Um in Kontakt zu bleiben, tauschen die beiden Raumfahrzeuge eine Funkbotschaft aus, einen *Piepton*, den Thornes Antenne einmal pro Sekunde aussendet. Der Kontakt mit dem Ereignishorizont ist für Mitternacht vorgesehen, sodass bis 23.59.57 Uhr im Sekundentakt regelmäßig Pieptöne eintreffen. Doch dann verändert sich etwas: Der für 23.59.58 Uhr vorgesehene Ton verspätet sich ein klein wenig, und der für 23.59.59 Uhr trifft eine ganze Stunde zu spät und noch dazu verzerrt ein, worauf plötzlich Stille eintritt. Hawking fliegt zurück und weiß, dass er die Wette verloren hat: Thorne hat den Ereignishorizont durchquert, und jetzt müsste er

Wo die Zeit stehenbleibt

buchstäblich eine Ewigkeit warten, um den Piepton von 00.00.00 zu empfangen. Dagegen hat Thorne an Bord seines Raumfahrzeugs keinerlei Veränderung bemerkt. Er hat den Ereignishorizont in einem Sekundenbruchteil durchquert und scheint seinen Weg wie bisher fortzusetzen, auch wenn sein Schicksal inzwischen besiegelt ist. In dieser Entfernung zur Singularität sind die Gezeitenkräfte von M87* nicht wahrnehmbar, sodass niemand an Bord etwas Seltsames gespürt hat. Der historische Augenblick, in dem das irdische Raumfahrzeug einen Ereignishorizont passiert hat, ist ohne die geringste Störung verlaufen. Thorne und seine Crew köpfen Champagnerflaschen und feiern das Erreichte, auch wenn sich ein Schleier der Besorgnis in ihren Blicken spiegelt. Sie wissen, dass die Reise noch lange währt, aber ihre Geschicke sind klar. Sobald sich Thornes Raumfahrzeug der Singularität nähert, in der die gesamte Masse konzentriert ist, wird es mitsamt seinen Insassen von den Gezeitenkräften unrettbar in Stücke gerissen. Für äußere Beobachter ist die Zeit zum Stillstand gekommen, aber dies hat im Inneren niemand bemerkt. Die Leute an Bord könnten die Verlangsamung im Zeitablauf nur dann nachvollziehen, wenn sie eine Möglichkeit zur Rückkehr hätten. Dann würden sie erkennen, dass die Zeitspanne, die sie als den kurzen Augenblick erlebten, in dem sie den Ereignishorizont durchquerten, für den Rest des Universums endlos lange gedauert hat. Aber sie wissen nur zu gut, dass sie sich davon nicht mehr überzeugen werden können.

Wenn die Zeit stehenbleibt

Jetzt steuert Thorne unaufhaltsam auf den Punkt zu, der das Ende der Zeit markiert. Der Flug kann noch lange dauern, aber der Sturz ins Schwarze Loch ist eine Reise ohne Wiederkehr. Die Gezeitenkräfte werden immer stärker, bis sie alles in Fetzen reißen, die so winzig sind, dass im Vergleich zu ihnen selbst Quarks wie riesige Objekte erscheinen. Die von der Schwerkraft zermalmte Materie verliert alle Konsistenz, wird reine Geometrie ohne jeden Raum und jede Zeit, geladen mit gewaltigen Mengen an Energie.

Hätte Hawking ein leistungsstarkes Teleskop an Bord gehabt und Thornes Raumfahrzeug verfolgen können, hätte er gesehen, wie es immer langsamer wird und schließlich nahe dem dunklen Rand stehenblieb, der den Ereignishorizont markiert. Das schwache, von ihm ausgestrahlte Licht hätte sich immer stärker ins Rötliche verfärbt, wäre dann wie eingefroren immer trüber geworden und schließlich dem Blick entschwunden.

Hätte dagegen Thorne nach hinten zu Hawkings Raumfahrzeug blicken können, hätte er – wenn auch nur für den Bruchteil einer Sekunde – gesehen, wie es immer bläulicher wird und seine Geschwindigkeit rasant erhöht. Hinter dem Ereignishorizont hätte sich das Geschehen in einem blendenden Lichtschein aufgelöst, weil die soeben überschrittene Grenze die beiden Welten endgültig voneinander trennt. Bei der Annäherung an die zeitlose Welt im Kern des Schwarzen Lochs hätte er dann jene Worte sprechen können, mit denen Doktor Faust seinen Pakt mit Mephistopheles besiegelt hatte, um ihn Jahrzehnte später zu erfüllen: «Werd ich zum Augen-

Wo die Zeit stehenbleibt

blicke sagen: Verweile doch! Du bist so schön! ...» Aber nicht einmal Goethes glanzvolle Verse hätten die entfesselten Kräfte der Gravitation jetzt noch bändigen können.

Dritter Teil

Zwischen ephemeren Existenzen und ewigen Lebensdauern

6

Leben als Teilchen

Gerade jetzt, da wir uns an das extravagante Verhalten der Zeit in den riesigsten kosmischen Räumen gewöhnten, müssen wir eine halsbrecherische Rolle rückwärts vollziehen: Wir springen von den unermesslichen Größen der gewaltigsten Objekte, die der menschliche Geist noch fassen kann, zu den winzigsten Skalen der elementarsten Bestandteile der Materie, ein atemberaubender Sprung über fünfzig Größenordnungen, bei dem einem das Herz durchaus in die Hose rutschen kann.

Viren wie die Erreger der schrecklichen Covid-19-Pandemie sind wegen ihrer winzigen Größe für das menschliche Auge unsichtbar. Ihre Abmessungen bewegen sich zwischen 60 und 140 Nanometern, also milliardstel Metern. Zusammengepackt würden tausend Vieren gerade einmal die Dicke eines Haares ergeben. Diese winzigen Krankheitserreger werden nur unter einem Elektronenmikroskop in einer zigtausendfacher Vergrößerung sichtbar. Und doch ist ein Virus im Vergleich zu einem Elementarteilchen ein gigantisches Monster. Zwischen einem Quark und einem Virus besteht ein Größenunterschied entsprechend dem zwischen einem Spielzeugball und unserer Erdkugel. Ganz zu schweigen davon, dass Elementarteilchen auch noch richtig leicht sind. Bei einigen wie dem Photon ist die Ruhemasse sogar gleich null. Dabei sind auch die Schwergewichte der Kategorie wie das Top-Quark schmächtige Objekte, nicht nur im Vergleich zu Sternen oder Planeten, sondern auch zu anderen makroskopischen Körpern wie Staubkörnchen.

Wenn wir in die Welt der geringsten Entfernungen vorstoßen, tauchen wir in ein Reich der Quantenmechanik und der speziellen Relativität ein, und dies bringt auch noch das Wenige ins Wanken, was von unserer konventionellen Zeitvorstellung übrigblieb.

Eine Welt voller Extravaganzen

Die Materie besteht aus Teilchen, die dadurch miteinander wechselwirken, dass sie untereinander Teilchen austauschen. Mit diesem einen Satz lässt sich die Theorie zusammenfassen, die uns einleuchtend erklärt, woraus der Duft einer Rose oder das komprimierte Plasma besteht, das im Kern der Sterne tost.

Die Erforschung der Grundbestandteile der Materie blickt

Zwischen ephemeren Existenzen und ewigen Lebensdauern

auf eine jahrtausendealte Geschichte zurück. Schon in der Zeit um 600 v. Chr. suchten die ersten griechischen Philosophen nach naturwissenschaftlichen Erklärungen für die Welt. Auch wenn wir heute für Elementarteilchen seltsame Bezeichnungen verwenden, haben sich seit Anaximenes von Milet (um 585–528/524 v. Chr.), der alles auf Erde, Feuer, Wasser und Luft zurückführte, die Spielregeln kaum verändert. Auch im 21. Jahrhundert suchen die Wissenschaftler nach den Grundzutaten, als deren Kombination wir die große Vielfalt der materiellen Körper um uns herum verstehen können.

Die moderne Antwort auf die uralte Frage heißt Standardmodell. Entstanden gegen Ende der Sechzigerjahre des 20. Jahrhunderts, krönte diese Theorie ein Jahrhundert der Beobachtungen und experimentellen Ergebnisse. Seit ihrer Einführung herrscht ein Wettrennen darum, sie anzufechten und den Nachweis zu erbringen, dass einige ihrer Vorhersagen irrig sind. Aber das ist bislang noch niemandem gelungen.

Wir wissen, dass diese Theorie unvollständig ist, und zwar aus mehreren Gründen und zuallererst, weil sie die Schwerkraft nicht berücksichtigt. So kurios es klingen mag, die verbreitetste der Kräfte im Universum gehört nicht zu den fundamentalen Wechselwirkungen, die das Standardmodell beschreibt. Dabei dürfte dies gar nicht so sehr überraschen, denn die Gravitation erzeugt auf mikroskopischer Ebene nur vernachlässigbare Effekte. Die Kraft, die die Welt der kosmischen Räume regiert, in denen schier endlos weit

Leben als Teilchen

voneinander entfernte Körper mit gewaltigen Massen zueinander in Kontakt treten, ist für die Beschreibung der Grundbestandteile der Materie völlig irrelevant. Die Wechselwirkung zwischen Elementarteilchen, zumindest auf der bislang erkundeten Energieskala, übt einen um viele Größenordnungen stärkeren Einfluss aus als die gravitative Anziehung zwischen Massen.

Aber das Standardmodell liefert auch für zahlreiche weitere Phänomene keinerlei Erklärung: Es lässt die Fülle der Dunklen Energie und Materie im Universum unberücksichtigt, ermöglicht kein Verständnis, wohin die Antimaterie verschwunden ist, beinhaltet nicht die Teilchen, die für die kosmische Inflation verantwortlich sind, und so weiter. Es ist, kurzum, in vielerlei Hinsicht unbefriedigend. Dafür hat es aber eine glanzvolle Vorhersagekraft: Dank seiner konnten sehr präzise und bis ins Kleinste die Eigenschaften höchst flüchtiger Phänomene berechnet werden, die nachfolgend anhand systematischer Beobachtungen reihum auch nachgewiesen wurden. Es prognostizierte bei einigen grundlegenden Parametern winzige Abweichungen, die durch raffinierteste Experimente ihre Bestätigung erhielten. Kurzum, früher oder später brauchen wir eine vollständigere und allgemeinere Theorie, die uns die zahlreichen bislang noch rätselhaften Naturerscheinungen erklärt und das Standardmodell als einen Sonderfall einschießt, der nur bei niedrigen Energien gilt. Wenn wir eines Tages Experimente mit Energien in einer Größenordnung durchführen, die unsere stolze Theorie endgültig in die Krise stürzt, werden wir auf noch unbe-

Zwischen ephemeren Existenzen und ewigen Lebensdauern

kannte Teilchen oder Wechselwirkungen stoßen, dank derer wir eine neue, umfassendere errichten können. Aber bislang hat das Standardmodell sämtlichen Versuchen getrotzt, es ins Wanken zu bringen, und liefert uns nach wie vor das beste Rüstzeug zur Erklärung der Welt.

Im Standardmodell dreht sich letztlich alles um Teilchen. Aus diesen, untergliedert in zwei große Familien, setzt sich die Materie zusammen: aus sechs verschiedenen Quarks und sechs verschiedenen Leptonen. Beide Familien bestehen aus drei Zweigen mit je zwei Komponenten. Bei den Paaren aus Up- und Down-, Charm- und Strange- beziehungsweise Top- und Bottom-Quarks handelt es sich durchweg um elektrisch geladene Teilchen. Von den Leptonen sind nur das Elektron, das Myon und das Tauon geladen, und jedes paart sich mit einem entsprechenden Neutrino, das hingegen neutral ist.

Quarks und Leptonen sind zwei ziemlich seltsame Familien, die nur ungern Verbindungen miteinander eingehen. Darin ähneln sie den verfeindeten Clans der Montecchi und Capuleti in William Shakespeares *Romeo und Julia*. Um Friedensschlüsse zwischen ihnen bemühen sich Vermittler oder Trägerteilchen, eine dritte Familie, deren Angehörige mit beiden Gruppen – wenn auch zuweilen nur mit einigen Mitgliedern – wechselwirken und so für Dynamik und Vermischung sorgen.

Zu den Vermittlern zählen das Photon, Träger der elektromagnetischen Kraft, das auf alle elektrisch geladenen Teilchen einwirkt; das Gluon, das die starke Kraft überträgt und mit Quarks wechselwirkt, die mit der starken Kraft oder mit

Leben als Teilchen

Farbladung ausgestattet sind, wohingegen es die Leptonen ignoriert, denen diese fehlt; und schließlich die intermediären Vektorbosonen W und Z, Träger der schwachen Kraft, die sich entweder mit Quarks oder mit Leptonen paaren, weil alle schwach geladen sind. Etwas abseits in diesem Bild steht der letzte Neuzugang, das Higgs-Boson, das mit anderen Teilchen in Wechselwirkung tritt und dabei ihre Masse bestimmt.

Die Teilchen des Standardmodells sind so winzig, dass es sinnlos wäre, ihre Größe in den üblichen Maßeinheiten anzugeben, da man so mit schwer handhabbaren Bruchzahlen umgehen müsste. Angesichts ihrer geringen Größe konnte bislang noch nicht einmal ermittelt werden, ob sie punktförmig sind oder eine bestimmte Ausdehnung haben. Hätten zum Beispiel Quarks und Leptonen irgendeine Struktur, müsste diese kleiner als 10^{-19} Meter sein.

Ähnliches gilt auch für die Masse. Wenn wir die Masse eines Elektrons in Kilogramm ausdrücken wollten, ergäbe dies die Zahl $9{,}1 \times 10^{-31}$ kg. Um diese Schwierigkeit zu umgehen, misst man Massen gewöhnlich in GeV (in Gigaelektronenvolt, eine Milliarde Elektronenvolt). Dank dieser gut handhabbaren Maßeinheit hat das schwerste Teilchen, das Top-Quark, eine Masse von 173 GeV. Alle anderen liegen hinter dem Maximalgewicht dieser Kategorie zurück. Und einige, wie die Neutrinos, sind wahrhaft ultraleicht.

Die Welt der winzigsten Abstände, durch die sich die Elementarteilchen bewegen, ist das unangefochtene Reich der Relativität und Quantenmechanik. Für ein Elektron ist es ein Kinderspiel, mit Geschwindigkeiten nahe der des Lichts um-

Zwischen ephemeren Existenzen und ewigen Lebensdauern

herzuflitzen. Dank seiner Ladung lässt es sich mit einfachen Mitteln beschleunigen: In einem Vakuum einem starken elektrischen Feld ausgesetzt, saust es sogleich mit formidabler Geschwindigkeit davon. Dazu braucht es keine allzu ausgeklügelten Instrumente: Die üblichen Geräte in Krankenhäusern beschleunigen die Elektronen, die die Röntgenstrahlen aussenden sollen, auf halbe Lichtgeschwindigkeit.

Wenn die im Allerkleinsten herrschenden Gesetze der Physik auf diese winzigen und leichten Objekte einwirken, verhalten diese sich so ungewohnt, dass es uns bizarr erscheint. Der Zustand eines Systems, Raum und Zeit, Masse und Energie – alles wird in der Welt der Elementarteilchen extravagant.

Explosionsartig zunehmende Massen und sich maßlos ausdehnende Zeiten

Um die ultraleichten Elektronen auf Geschwindigkeiten zu beschleunigen, die von *c* nicht zu unterscheiden sind, braucht es nicht mehr als starke elektrische Felder. Und zu deren Erzeugung dienen moderne Teilchenbeschleuniger, Apparaturen, die es uns ermöglichen, ultrarelativistische Teilchen herzustellen, also solche, die praktisch mit Lichtgeschwindigkeit umherjagen. Auch wenn diese im Grunde nicht zu erreichen ist, können wir uns ihr als einem Grenzwert ungehindert immer stärker annähern. Wenn es gelingt, mehrere größere technische Schwierigkeiten zu überwinden, lassen sich

Leben als Teilchen

Teilchen auf 99 Prozent von *c*, dann auf 99,99 Prozent und danach auf 99,9999 Prozent und so weiter beschleunigen.

Wegen ihrer negativen Ladung werden Elektronen von einem positiven Potentialunterschied unwiderstehlich angezogen. Während sie an Geschwindigkeit zulegen, muss freilich verhindert werden, dass sie mit anderen materiellen Komponenten kollidieren, weil ihnen dies Energie entziehen und sie drastisch abbremsen würde. Deswegen gehen sie im Inneren einer Röhre auf die Reise, in der ein möglichst vollständiges Vakuum herrscht, nachdem die Luft und alle anderen Gase abgesaugt wurden.

Um keine allzu starken elektrischen Felder erzeugen zu müssen, werden ringförmige Röhren eingesetzt, in denen die Elektronen mehrfach durch dieselbe Beschleunigungszone gejagt werden. Regelmäßig angeordnete starke Magnetfelder halten sie auf ihrer Umlaufbahn und bringen sie schließlich zur Kollision.

Ein zu lösendes Problem dabei ist das des relativistischen Massenzuwachses: Je stärker sich das Elektron der Lichtgeschwindigkeit annähert, desto mehr legt es an Masse anstatt an Geschwindigkeit zu. Die Energie, die das elektromagnetische Feld bei der Beschleunigung an das Elektron abtritt, lässt dieses gewaltig «zunehmen». Auch dieser Effekt der speziellen Relativität verblüfft uns, weil wir ihn noch nie am eigenen Leib erfahren haben. Wenn wir in unserer Alltagswelt einen Gegenstand konstant beschleunigen, sehen wir immer seine Geschwindigkeit, aber niemals seine Masse wachsen. Treten wir zum Beispiel auf einer Autobahn das Gaspedal durch, können wir auf dem Tachometer mitverfolgen, wie unsere Geschwindigkeit wächst – aber nur, weil unsere erreichbare Höchstgeschwindigkeit im Vergleich zu der des Lichts lächerlich gering ist. Würden wir uns c annähern, ließe sich die ins System eingebrachte Energie immer schwieriger in eine Beschleunigung überführen, weil c ein Grenzwert bleibt und sich deshalb die Masse des Objekts erhöht. Wieder bestätigt sich die von der Relativitätstheorie postulierte Äquivalenz von Masse und Energie. Während in der Alltagserfahrung die Masse eines beschleunigten Körpers konstant bleibt, wächst diese bei einer Annäherung an die unüberwindbare Grenze der Lichtgeschwindigkeit kontinuierlich weiter an, während die Geschwindigkeit nahezu konstant bleibt.

In den modernen Beschleunigern flitzen die gebündelten Teilchen im Strahl praktisch mit c dahin und erreichen Massen, die weit über der im Ruhezustand liegen. Wenn sie mit anderen Teilchen kollidieren, erschüttert die in ihrer gigantischen Masse konzentrierte Energie das Vakuum und löst Schauer von davonschießenden neuen Teilchen aus. Bei diesen Kollisionen verwandelt sich die Energie erneut in Masse, sodass für den Bruchteil einer Sekunde Formen von Materie wiederauferstehen, die gleich nach dem Urknall verschwunden sind. Auf die Art fabrizieren die großen Forschungsanlagen ausgestorbene Teilchen wie wahrhaftige Zeitmaschinen, die uns um Milliarden Jahre zurückversetzen und es uns ermöglichen, Phänomene am Ursprung unseres Universums zu reproduzieren und zu untersuchen.

Achtung: Wenn sich die Teilchen der Lichtgeschwindig-

Leben als Teilchen

keit annähern, wächst ihre Masse exponentiell, aber nur für uns, die wir sie in der großen Vakuumröhre dahinflitzen sehen. Würde ein Beobachter mit ihnen reisen, sähe er sie ruhen, und ihre Masse würde sich in diesem bewegten Bezugssystem um kein Jota verändern. Wie bei der Kontraktion des Raumes in Bewegungsrichtung und der Zeitdilatation ist auch die explosionsartige Zunahme der Masse relativistischer Teilchen ein Phänomen, das sich nur dem äußeren Beobachter manifestiert, der in Bezug auf den bewegten Körper stillsteht.

Jedenfalls wogen die Elektronen, die im Sommer 2000 im Large Electron-Positron Collider (LEP) am CERN im Kreis flitzen, zweitausend Mal so viel wie ihre Brüderchen, die in jedem Atom der Materie still ihren Kern umkreisen. All dies bringt natürlich beachtliche Probleme bei der Synchronisation und der Kontrolle der Beschleunigungsparameter mit sich, die mit diesem exponentiellen Wachstum an Masse in der Phase der Beschleunigung einhergehen.

Eindrucksvolle Effekte zeigen sich auch bei einer Beschleunigung von Protonen. Diese sind keine Elementarteilchen, sondern eine Kombination aus zwei Up-Quarks und einem Down-Quark – Teilchen der ersten Familie – sowie etlichen Gluonen, die als Vermittler der starken Kernkraft entscheidend sind, um diese drei Komponenten fest zusammenzuhalten. Protonen haben eine Masse von rund 1 GeV und sind positiv geladen. Sie lassen sich wie Elektronen beschleunigen, indem sie schlicht anstatt einem negativen einem positiven elektrischen Feld ausgesetzt werden. Um so komplexe und massereiche Objekte, die zweitausend Mal so viel wie Elektronen wiegen, auf relativistische Geschwindigkeiten zu beschleunigen, braucht es viel Energie. Aber dass sie so schwer sind, hat auch einen großen Vorteil.

Der Einsatz von Elektronen in den leistungsstärksten Beschleunigern stößt vor allem eben deshalb an seine Grenzen, weil sie so leicht sind. Wie alle geladenen Teilchen, die eine kreisförmige Bahn durchlaufen, emittieren sie Photonen und verlieren dadurch leicht an Energie. Die emittierte Strahlung ist desto größer, je leichter die beschleunigten Teilchen sind, und wächst mit zunehmender Energie rasch an. Bei den deutlich schwereren Protonen fällt der Energieverlust durch die Abgabe von Strahlung deutlich geringer aus, weshalb sie sich folglich einfacher auf höhere Energien bringen lassen.

Im gegenwärtig leistungsstärksten Beschleuniger, dem Large Hadron Collider (LHC), zirkulieren in einer Vakuumröhre von knapp 27 Kilometern Umfang zwei Protonenbündel in entgegengesetzten Richtungen und kollidieren mit einer Energie von 13 TeV (Teraelektronenvolt, tausend GeV), womit die Protonen in jedem Bündel eine Masse von 6,5 TeV, also eine um 6500 Mal erhöhte Masse, mitbringen. Da Protonen aus Quarks und Gluonen bestehen, sind ihre Kollisionen eher kompliziert. Die verfügbare Energie lässt sich nur zu einem Teil, mit einigen TeV, in massereiche Teilchen umwandeln. Für die Zukunft diskutiert wird die Entwicklung neuer Magnete und der Bau eines größeren Tunnels mit einem Umfang von 100 Kilometern. Mit ihm wäre eine Energie von 100 TeV erreichbar, womit sich neue Teilchen mit einer

Leben als Teilchen

Masse von bis zu einigen Dutzend TeV erzeugen ließen, sofern solche existieren.

Beschleuniger für Elektronen haben eine ergänzende Funktion. Mit diesen punktförmigen Teilchen lassen sich Kollisionen deutlich einfacher herbeiführen. Elektronenbeschleuniger sind ideale Anlagen für Messungen mit hoher Präzision und für Versuche, über die Erforschung feinster Anomalien der neuen Physik auf die Spur zu kommen. Aber als Nachteil sind mit ihnen keine allzu hohen Energien erreichbar. Die neuen Projekte für ringförmige Elektronenbeschleuniger sehen einen Betrieb im Bereich zwischen 250 und 500 GeV vor. Vorschläge, Energien von einigen TeV zu erreichen, sind dagegen nur mit der Entwicklung neuer linearer Beschleuniger umsetzbar.

Jedenfalls handelt es sich hier um ultrarelativistische Objekte, um Teilchen, beschleunigt auf Geschwindigkeiten, die so nahe bei c liegen, dass sie dabei eine gewaltige Masse erhalten. Und dies gilt sowohl für die Elektronen im LEP als auch für die Protonen im LHC. Und in beiden Fällen verzögert sich für diese Teilchen der Ablauf der Zeit auf beeindruckende Weise.

Zum Beispiel im LHC: Nachdem die Protonenpakete beschleunigt und auf Kollisionskurs gebracht wurden, verharren sie über viele Stunden hinweg in einer stationären Zirkulation. In dieser Zeit kreuzen sie sich zahllose Male, während die experimentierenden Physiker die aus den interessantesten Kollisionen hervorgehenden Teilchen registrieren. Wenn die Intensität der Kollisionen nach vielen Stunden nachlässt, extrahieren sie die verbliebenen Protonenpakete und speisen neue ein. Wenn es besonders gut läuft, erstreckt sich dieser Zyklus über einen ganzen Tag.

Um dieses Geschehen besser nachzuvollziehen, nehmen wir für einen Augenblick an, Protonen verfügten wie in einem Zeichentrickfilm über eine Stimme, trügen eine Uhr bei sich und könnten mit dem Kontrollzentrum des LHC kommunizieren. Stellen wir uns die seltsame Unterhaltung vor, die sich entspinnen würde. «Hier Kontrollraum, huhu, Protonen, es ist Zeit, raus aus dem Karussell.» – «Was, jetzt schon? Es hat gerade so viel Spaß gemacht, seid ihr sicher? Wir sind doch gerade erst reingekommen.» – «Nein, die Party ist vorbei. Ihr dreht eure Runden jetzt schon über vierundzwanzig Stunden, die anderen wollen auch Spaß haben. Tut mir leid.» – «Nein, da stimmt etwas nicht. Ich habe auf mein Chronometer geschaut. Seitdem wir in den LHC eingestiegen sind, sind gerade einmal dreizehn Sekunden vergangen. Überprüft doch mal eure Uhr, die ist bestimmt kaputt.» – «Haben wir schon, hier ist alles unter Kontrolle. Das ist die Relativität, Baby.»

Kosmische Superbeschleuniger

Ultrarelativistische Teilchen entstehen in rauen Massen auch durch turbulente Phänomene, an denen große Sterne oder gigantische Schwarze Löcher beteiligt sind. Diese sind die Champions in der Extremsportart, Geschosse ins All zu feuern, die dann mit Geschwindigkeiten nahe c davonjagen. Und dabei legen sie durch relativistische Effekte gewaltig an Masse zu, während sich für sie der Zeitablauf dramatisch verlangsamt.

Auf unseren Planeten regnen aus allen Richtungen unablässig Teilchen herab, von denen allmählich klarer wird, woher sie stammen. Als kosmische Strahlung bezeichnet, entstehen sie in den Tiefen des uns umgebenden Weltraums. Mehrheitlich handelt es sich um Protonen und Heliumkerne, die mit von c nicht unterscheidbaren Geschwindigkeiten unterwegs sind. Deutlich seltener kamen auch geladene Kerne schwerer Elemente bis hin zum Blei zum Vorschein. Äußerst rar in dieser Strahlung waren hochenergetische Elektronen, Neutrinos und Photonen. Wenn hochenergetische geladene Teilchen die oberen Schichten der Erdatmosphäre durchdringen, kommt es zu spektakulären Zusammenstößen mit Gasmolekülen. Ähnlich wie bei den Kollisionen im LHC entstehen dabei Schauer von Sekundärteilchen, die dann wie eine Dusche die Erdoberfläche fluten.

Als kosmische Strahlung gelangen zu uns auch die energiereichsten Teilchen, die jemals beobachtet wurden. Gegenüber ihnen wirken die im LHC beschleunigten Protonen winzig und harmlos, obwohl sie durch relativistische Effekte gigantisch an Masse zugelegt haben. Die Energie der intensivsten kosmischen Strahlen beträgt das Hundertmillionenfache von dem, was auf der Erde mit den leistungsstärksten Beschleunigern erreichbar ist.

Aber durch welche Mechanismen werden Protonen mit

einer so gewaltigen Energie in den Kosmos geschleudert? Welche Phänomene fungieren als wahrhaftige kosmische Superbeschleuniger mit einer Leistungsfähigkeit, die den Stolz der irdischen Wissenschaft und Technik in den Schatten stellt?

Die kosmischen Strahlen stammen in der überwiegenden Mehrheit aus unserer Galaxie. Vermutungen zufolge gehen sie auf Supernova-Explosionen großer Sterne zurück, die ihren nuklearen Brennstoff aufgezehrt haben. In dem Kataklysmus werden beim Abstoßen der äußeren Schichten des Sterns auch mit rasanter Geschwindigkeit extrem starke Magnetfelder emittiert, die die geladenen Teilchen in einer sogenannten magnetischen Stoßwelle beschleunigen können. Die elektromagnetischen Kräfte sperren die geladenen Teilchen ein und regen sie zu periodischen Bewegungen an, durch die sie an Tempo gewinnen. Entsprechende physikalische Erscheinungen zeigen sich auch auf unserer Sonne, wenn Plasma in eindrucksvollen Magnetfeldschläuchen nach außen schießt. Die emittierte Strahlung, die dabei bis zur Erde gelangt, ist aber nur mit bescheidener Energie ausgestattet. Stammt eine magnetische Stoßwelle dagegen aus einer Supernova-Explosion, ändern sich die Dinge: Dann erreichen die Teilchen mitunter wirklich beachtliche Energien, die die des LHC um das Tausendfache übertreffen.

Dieser Mechanismus einer Stoßwellenbeschleunigung erklärt allerdings nicht, wie die intensivsten kosmischen Strahlen entstehen, die millionenfach energiereicher sind als die unseres leistungsfähigsten Colliders. Aller Wahrscheinlich-

Leben als Teilchen

keit nach stammen sie von außerhalb der Milchstraße. Der Vermutung zufolge werden sie von aktiven Galaxienkernen hervorgebracht, also von supermassereichen Schwarzen Löchern in einer paroxysmalen Phase, in der ihre Akkretionsscheibe übermäßig mit Material angereichert ist und in der sie an den Polen ungeheure relativistische Jets, Materiefilamente, ausstoßen. Wenn die Achse der Jets auf unseren Planeten gerichtet ist, gelangen die dort entstandenen energiereichsten Teilchen bis zu uns. Durch welchen Mechanismus solche Energien erreicht werden, liegt bislang noch im Dunkeln, aber wer Licht in es bringen kann, darf sich damit rühmen, das Geheimnis der gewaltigsten Teilchenbeschleuniger des Kosmos gelüftet zu haben.

Auf die Protonen der energiereichsten kosmischen Strahlen wirken gewaltige relativistische Effekte ein. Ihre Masse ist um das Hundertmilliardenfache angewachsen, und die Zeit, die sie zum Zurücklegen von Entfernungen von Hunderten Lichtjahren benötigen, kontrahiert sich um den gleichen Faktor: Einer Sekunde, wie sie diese Protonen durchleben, entsprechen 3170 unserer Jahre.

Diese ganz besonderen Boten aus dem All, die mit ihrer schieren Existenz den Triumph der Relativität feiern, überbringen ziemlich beunruhigende Nachrichten, als müssten sie uns in unserem so friedlichen Winkel des Kosmos warnen: «Achtung, Erdenbewohner. Vertraut nicht allzu sehr auf die euch umgebende Ruhe und Regelmäßigkeit. Das Universum kann auch feindselig und hochgefährlich sein.»

In ihrer Besessenheit und Verwirrung gemahnen diese

Zwischen ephemeren Existenzen und ewigen Lebensdauern

Boten an die Aöden, diese Sänger und Dichter der griechischen Antike. Aber anstatt zu singen, künden sie allein durch ihr Dasein von fernsten Orten, an denen Entsetzliches und Wunderbares geschah. So erzählen sie vom Untergang eines großen Sterns oder von der Katastrophe, wenn ein Schwarzes Loch über seine Akkretionsscheibe ganze Welten verschlingt. Dazu haben sie die gewaltigen Entfernungen zwischen Galaxien zurückgelegt, dank einer Geschwindigkeit nahe der des Lichts, dafür aber nur die Zeit eines Wimpernschlags gebraucht. Dass für uns Erdenbewohner Jahrhunderte oder gar Jahrtausende vergangen sind, haben sie in ihrem Kopf-an-Kopf-Rennen mit den Photonen durch diese endlosen Weiten nicht bemerkt.

Das kleine weiß-rote Ziegelhaus

Delft ist eine kleine holländische Stadt, wenige Kilometer von Den Haag und Rotterdam entfernt. Während das heutige Delft mit seinen rund hunderttausend Einwohnern wie zwischen den beiden größeren Städten eingeklemmt wirkt, war es im 17. Jahrhundert, dem Goldenen Zeitalter Flanderns, ein bedeutendes wirtschaftliches und politisches Zentrum. In dem einstigen Marktflecken, der sich mit einer Mauer und einem Graben umgab, hatten sich tüchtige Kunsthandwerker niedergelassen: Gobelinweber und vor allem Keramiker hatten aus Italien die raffiniertesten Techniken eingeführt. Delft produzierte für sämtliche Höfe Europas weiß-blaue Majolika,

Leben als Teilchen

Fließen und Keramikobjekte, um mit dem Ming-Porzellan zu konkurrieren, das von der Ostindien-Kompanie aus China importiert wurde. Und vor allem war es die Stadt der «Oranjes», der Familie Oranien-Nassau. Seitdem Wilhelm von Oranien seine Residenz ins kleine Delft verlegt hatte, führte es den Beinamen «Fürstenstadt».

Noch heute stößt man bei einem Besuch auf Monumente, deren Pracht an diese glanzvolle Vergangenheit erinnert: auf das am großen Marktplatz thronende Rathaus und die Oude Kerk, die älteste Kirche der Stadt, deren Glockenturm wie der schiefe Turm von Pisa aus dem Lot geraten ist. In ihrem Inneren markiert ein eher schlichter grauer Stein die Grabstatt Jan Vermeers, eines der bedeutendsten Maler aller Zeiten.

Auf einem Bummel durch die Altstadt, bei dem man sich in den Gassen und Straßen verirrt, wandelt man auf seinen Spuren. Man stößt auf das Haus, in dem Vermeer 1632 zur Welt kam und das heute ein Restaurant beherbergt, auf das weiß-rote Ziegelhaus, in dem er mit seiner Frau sein Leben lang wohnte, sowie auf den Sitz der Lukasgilde, bei der sich Maler zur Ausübung ihres Metiers einschreiben mussten und in die Vermeer mit einundzwanzig Jahren aufgenommen wurde.

Das gesamte Leben des Künstlers spielte sich innerhalb der Delfter Stadtmauern ab – in einem ständigen Kampf gegen Gläubiger, ein wahrer Alptraum seit dem Tod seines Vaters 1652, der ihm einen gewaltigen Schuldenberg hinterlassen hatte. Alles deutet darauf hin, dass Vermeer seine Frau, Catharina Bolnes, eine Katholikin mit freundlichen

Zwischen ephemeren Existenzen und ewigen Lebensdauern

Zügen, die er 1653 geheiratet hatte, aufrichtig liebte: Er schuf zahlreiche Porträts, die sie in Innenräumen zeigen. Aus ihrer Ehe gingen fünfzehn Kinder hervor, zu stopfende hungrige Mäuler und einzukleidende Leiber. Auch wenn Vermeers kleine Gemälde mit Genreszenen von besonders wohlhabenden Delfter Kaufleuten geschätzt wurden, reichten deren geringe Erlöse hinten und vorne nicht. Vermeer ergatterte nie einen Großauftrag bei den reichen Gilden und erlangte außerhalb der Stadtgrenzen nie echte Bekanntheit, keine, die sich mit der der berühmtesten Künstler der Zeit, Frans Hals oder Rembrandt, vergleichen ließe.

Vermeers Leben währte nur kurz. Er starb 1675, erdrückt von Schulden, mit dreiundvierzig Jahren und hinterließ rund vierzig kleinere Gemälde, die zur damaligen Zeit niemandes Interesse weckten. Seine Interieurs, aus denen die berühmten weiß-blauen Delfter Fliesen hervorblicken, seine Genreszenen an den Zimmerwänden des weiß-roten Ziegelhauses oder sein Bildnis der Frau, die mit zarter Geste Perlen abwiegt, sind heute von unschätzbarem Wert. Die Milliardäre der Welt und die bedeutendsten Museen würden astronomische Summen bieten, um in den Besitz von nur einem dieser Meisterwerke zu gelangen. Hier hat die Zukunft die Vergangenheit verändert und einen Mann, den die Zeitgenossen zum bescheidenen Provinzmaler abstempelten, in einen der Größten der Kunstgeschichte verwandelt.

Alles begann 1866, als sich der französische Kunstkritiker Théophile Thoré-Bürger daranmachte, den namenlosen Maler aus Delft in den Rang der großen Meister des holländischen

Leben als Teilchen

Goldenen Zeitalters zu erheben. Seither schwoll das Interesse an dessen Werken wie ein Hochwasser an und riss Künstler und Intellektuelle und schließlich auch das breite Publikum mit. Vermeer wurde zu einer Stilikone, die den Stoff für Berge von Büchern und einer Vielzahl von Filmen lieferte und kraftvoll ins kollektive Vorstellungsvermögen einzog.

Vermeers Schicksal ist eines von vielen, in denen die Größe eines Künstlers oder Philosophen erst im Abstand von Jahrhunderten, ja manchmal Jahrtausenden erkannt wird. Die Vergangenheit erscheint in einem anderen Licht, und durch Umdeutung ihrer Merkmale wird Geschichte neu geschrieben. Wie Jorge Luis Borges sagte: «Jeder Schriftsteller schafft sich seine eigenen Vorläufer. Sein Werk verändert unsere Konzeption der Vergangenheit in gleicher Weise, wie es die Zukunft verändert.»

Aber ist dieses Phänomen, das wir in der Geisteswelt gewohnt sind, auch im materiellen Universum möglich? Ist vorstellbar, dass eine Handlung von heute die Vergangenheit umkrempelt?

Die Frage ist alles andere als abstrus, denn im sonderbaren Verhalten der Materie auf mikroskopischer Ebene, auf der Relativität und Quantenmechanik herrschen, gebärdet sich der Zeitablauf, wie wir sahen, geradezu bizarr.

Zur Aufklärung dienten zahlreiche Experimente mithilfe ganz einfacher Systeme, die von den Gesetzen der Quantenmechanik bestimmt werden. Wenn mit Photonen, einzelnen Atomen oder mit Quantenbauelementen im Allgemeinen experimentiert wird, bleibt der Zustand des Systems an sich so lange unbestimmt, bis eine Messung eingreift. Ein Photon kann sich wie eine Welle oder ein Teilchen verhalten, ein einzelnes Atom kann einen Spin nach unten oder nach oben haben, ein Quantenbauelement kann Strom führen oder nicht, sich also im Zustand 1 oder 0 befinden. Vor der Messung wissen wir das nicht. Ohne ein Wissen davon, was geschieht, gehen wir von der Annahme aus, dass das System sämtliche Zustände durchläuft, also in einer Überlagerung von Zuständen schwebt, bis es durch die Messoperation gestört wird und in einem Kollaps einen bestimmten Zustand zum Vorschein bringt.

Achtung auch hier: Dieser Schwebezustand ist weder ein Fehler der Theorie noch entspringt er unserer mangelhaften Kenntnis der Ausgangsbedingungen. Der Zustand des Teilchens oder des Systems zeigt sich so lange unbestimmt, bis die Messung eingreift und das Teilchen zwingt, in einer bestimmten Verfassung zu erstarren.

Neuerdings wurden «schwache» Messmethoden entwickelt, also solche, die das Ursprungssystem nicht auf unumkehrbare Weise kollabieren lassen. Diese sanften und geringfügigen Störungen lassen es weitgehend unverändert. Schwache Messungen werfen generell wenig nützliche, rein zufällige, wenn nicht gar selbstverständliche Ergebnisse ab: Die Wahrscheinlichkeit, dass sich dieses System, von dem wir nicht wissen, ob es sich im Zustand 1 oder 0 befindet, in einem der beiden Zustände verharrt, liegt bei jeweils 50 Prozent. Kurzum, wenn wir eine Reihe schwacher Messungen durchführen, wissen wir nachher so viel wie zuvor.

Leben als Teilchen

Mit schwachen Messungen hat eine Gruppe einfallsreicher Forscher unter Leitung von Kater Murch, Professor an der Washington University in Saint Louis, ein Experiment mit überraschenden Ergebnissen durchgeführt: Dabei nutzten sie einen einfachen supraleitenden Schaltkreis, der sich wie ein künstliches Atom verhält, wenn er bis nahe an den absoluten Nullpunkt heruntergekühlt wird. Diese Vorrichtung hat zwei Energieniveaus entsprechend 1 und 0, zwischen denen es eine unendliche Anzahl an Kombinationen, also Überlagerungen von Quantenzuständen gibt.

Um die schwache Messung durchzuführen, brachten die Forscher die Vorrichtung in eine Wechselwirkung mit einer begrenzten Anzahl niederenergetischer Photonen, die keinen Übergang zwischen beiden Niveaus bewerkstelligen und damit das System nicht zwingen können, in einen Zustand zu kollabieren. Das System bleibt so zwar ungestört, aber die Information zu seinem Zustand, die die Photonen transportieren, ist ebenfalls nur marginal. Ihre Analyse ergibt lediglich, dass sich das System jeweils mit einer fünfzigprozentigen Wahrscheinlichkeit in dem einen oder dem anderen der beiden Zustände befindet. Daraufhin erfolgt die «starke» Messung, also eine Wechselwirkung des Systems mit Photonen mit genau der richtigen Energiemenge, um den Übergang zwischen den beiden Quantenzuständen auszulösen. Das System annihiliert die Überlagerung und bleibt in einem klar festgelegten Zustand stecken, aber die Experimentatoren schauen sich das Ergebnis dieser Messung nicht an. Danach führen sie eine Reihe weiterer schwacher Messungen durch

Zwischen ephemeren Existenzen und ewigen Lebensdauern

und werten die Gesamtheit der schwachen Messungen aus, die vor und nach der starken erfolgten. Das Ergebnis verblüfft: Jetzt lässt sich aus den schwachen Messungen mit einer Wahrscheinlichkeit von 90 Prozent schließen, dass sich das System in einem der beiden Zustände befindet. Als die Forscher dann den Kasten öffneten, in dem sie das Ergebnis der starken Messung versteckt hatten, zeigte sich, dass sich das System tatsächlich in dem mit der hohen Wahrscheinlichkeit vorhergesagten Zustand befand. Das Experiment funktioniert aber nur, wenn auch die schwachen Messungen berücksichtigt werden, die vor der starken erfolgt sind, also jene ohne aussagekräftiges Ergebnis. Alles verhält sich also so, als würde unser heutiges Ergebnis, die Gesamtheit der nach der starken Messung erfolgten schwachen Messungen, das gestrige Ergebnis, das der schwachen Messungen, verändern, die wir vor der starken ausgeführt hatten.

Das ist fraglos ein spannendes Ergebnis, scheint es doch bei Quantensystemen auf die Möglichkeit hinzudeuten, dass ein Ereignis in der Zukunft die Vergangenheit materiell verändert oder dass zumindest irgendeine Form von Information in der Zeit rückwärtslaufen und auf der Basis des Ergebnisses der starken Messung die zuvor erfolgten schwachen Messungen verändern kann.

Von den Massenmedien aufgegriffen, wurde dieses Experiment in der großen Öffentlichkeit zu einem Nachweis dafür aufgebauscht, dass die Zeit rückwärtslaufen könne und Zeitreisen somit möglich seien. Wie immer galoppiert unsere Fantasie schneller als unser Verständnis der subtilen

Leben als Teilchen

Phänomene, die sich in der Welt des Allerkleinsten verbergen. Ich rate in diesem wie auch in anderen Fällen zu äußerster Vorsicht. Die Quantenmechanik beinhaltet endlos viele subtile Besonderheiten, die wir bislang noch nicht verstehen. Es kann durchaus eine bei weitem einfachere und weniger fantasievolle Erklärung geben. Dass dieses Experiment nur dann funktioniert, wenn nach der starken Messung nochmals schwache Messungen erfolgen, müsste in uns eine Alarmglocke schrillen lassen. Lassen sich vergangene Ereignisse durch künftige beeinflussen? Es scheint so, aber nur unter der Voraussetzung, dass das Ergebnis, das diese hervorbringen, bereits bekannt ist. Bevor wir uns in fantastische Spekulationen stürzen, müssen wir uns vor Augen halten, dass die Quantenmechanik zwar wunderbar funktioniert und wir sie tagtäglich nutzen, dabei aber immer noch nicht genau verstanden haben, warum sie funktioniert. Für den Augenblick ist die Vorstellung, die Zukunft könne die Vergangenheit von mikroskopischen materiellen Systemen verändern, nur eine verführerische Vorstellung. Sie könnte sich als fürchterliche Täuschung erweisen oder den Weg zu neuen Formen des Naturverständnisses ebnen.

7

Die Zeit des unendlich Kleinen

Der Olymp in Griechenland zeichnet sich durch keinerlei Besonderheit aus. Das Gebirge ist das höchste des Landes, aber hätte ihn nicht der Mythos zum Sitz der Götter erkoren, würde man ihm kaum Beachtung schenken. Mitikas, sein höchster Gipfel, ragt knapp dreitausend Meter auf und ist häufig von Wolken umhüllt. Gerade dies machte ihn besonders in den Augen von Gemeinschaften, die ihre Schutzgötter auf Bergen verorteten: die Musen auf dem Helikon, das Haus des Pan an den Hängen des Berges Mänalus in Arkadien und Apoll auf dem Parnass. Einer Vermutung nach sollen in prähomerischer Zeit um den Gipfel herum Polarlichter aufgetaucht sein. Ihr trügerisches Farbenspiel soll Vorstellungen von der waffenklirrenden Schlacht der Giganten heraufbeschworen haben. Die Alten glaubten kurzum, hier stünden das Haus der Götter und der Thron des Zeus, des Herrn über die Blitze, Sitz eines Dutzends übernatürlicher Wesen, die

Die Zeit des unendlich Kleinen

sich von Ambrosia, der ihnen Unsterblichkeit verleihenden Speise, nährten.

Gottheiten lenken von oben die Geschicke der Menschen, selten mit «olympischem» Gleichmut, sondern meistens mit einer leidenschaftlichen Anteilnahme, bei der sie sich häufig persönlich in die Angelegenheiten der Sterblichen einmischen. Und dabei bringen sie in ihnen und sich selbst das Erhabenste, aber auch das Niedrigste zum Vorschein.

Die Elementarteilchen des Standardmodells können in Kombination miteinander Hunderte verschiedenartige materielle Zustände erzeugen, von denen die allermeisten aber nur kürzeste Zeit währen. Die gesamte stabile Materie, die das Universum erfüllt, besteht aus Elektronen, Protonen, Photonen und Neutrinos: einer kleinen Gruppe von Komponenten, die nicht in andere Teilchen zerfallen und eine so lange Lebensdauer haben, dass sie praktisch als ewig beständig gelten – eine Handvoll Auserwählter, die die Entwicklung und Wechselfälle aller anderen materiellen Formen beobachten und den Lauf der Zeit ignorieren können, mit der Selbstgewissheit derer, die schon alles kommen und gehen sahen.

Zählt man die jeweiligen Antiteilchen mit, besteht diese Familie aus dreizehn Mitgliedern – den drei Neutrinos und drei Antineutrinos, dem Elektron und dem Positron, dem Proton und dem Antiproton, dem Neutron und dem Antineutron, was zuzüglich des Photons kurioserweise eine Zahl ganz nahe an der der zwölf Gottheiten des Olymp ergibt. Und wie es sich in derlei Fällen gehört, ist dank des Photons sichergestellt, dass auch diese Familie über Blitze verfügt, über die Waffen, die lange Zeit das Reich des Zeus beschützten.

Eine Handvoll Auserwählter

Nochmals: Die überwiegende Mehrheit der Elementarteilchen existiert nur einen fast nicht wahrnehmbaren Bruchteil einer Sekunde. Selbst die Fruchtfliege, das Lieblingsinsekt der Genforscher mit einer Lebenserwartung von kaum mehr als zwei Wochen – was dazu führt, dass pro Jahr gleich Dutzende von Generationen erforscht werden können – lebt geradezu endlos lange, verglichen mit den instabilsten Elementarteilchen. Das Dasein von einigen dieser Grundbestandteile der Materie kann schon nach einem Tausendstel einer Milliardstelsekunde wieder enden; bei anderen währt es so kurz, dass uns passende Begriffe fehlen, um seine Dauer auszudrücken: zig millionstel milliardstel milliardstel Sekunden klingt eher lächerlich. Hier muss die Mathematik weiterhelfen, dank derer wir 10^{-25} schreiben können, auch wenn wir uns nur schwer vorstellen können, was so winzige Zeitintervalle überhaupt bedeuten.

Die wichtigsten Ausnahmen bei diesen so ephemeren Existenzen bilden die Elektronen und Protonen. In schrillem Kontrast zu vielen anderen Teilchen leben sie praktisch in Ewigkeit. Elektronen sind die leichtesten Leptonen und besitzen eine elektrische Ladung. Diese beiden Eigenschaften schützen sie vor dem Zerfall. Es gibt schlicht keine anderen

Die Zeit des unendlich Kleinen

Teilchen, in die sie zerfallen könnten, ohne irgendein Erhaltungsprinzip zu verletzen. Alle anderen geladenen Teilchen sind weitaus schwerer als sie, sodass ihrem Zerfall der Energieerhaltungssatz entgegensteht. Unter den neutralen gibt es zwar viele besonders leichte wie die Neutrinos, aber auch dieser Weg ist wegen des Ladungserhaltungsprinzips versperrt. Kurzum, das Elektron ist zum ewigen Leben verdammt und darf niemals sterben. Und tatsächlich sind die komplexesten und aufwendigsten Experimente gescheitert, mit denen versucht wurde, einen Zerfall des Elektrons zu messen, so selten er auch vorkommen mag. Für seine mittlere Lebenszeit wurden Grenzen ermittelt, die bei über 10^{24} Jahren liegen. Zum Vergleich: Seit dem Urknall sind bis heute gerade einmal knapp $1{,}4 \times 10^{10}$ Jahre vergangen. Kurz und gut, die Elektronen, die in den Stromkabeln unserer Haushalte zirkulieren oder die Orbitale der Atome in unseren Fingerkuppen besetzen, entstanden in den ersten Augenblicken im Leben des Universums. Sie sind uralt, erledigen ihre wahrhaftig unverzichtbaren Aufgaben aber immer noch mit so großem Eifer, als seien sie blutjung und energiegeladen.

Noch überraschender ist die ewige Existenz der Protonen. Diese sind keine Elementarteilchen. Wie erwähnt, setzen sie sich aus den leichtesten der Quarks, aus zwei Up- und einem Down-Quark zusammen, die untereinander die von den Gluonen getragene starke Kraft austauschen. Die drei Quarks haben zusammen eine Masse von ~0,01 GeV und werden von einer Bindungsenergie von ~1 GeV, also einer mit dem rund hundertfachen Wert zusammengehalten. Dieser mehr

Zwischen ephemeren Existenzen und ewigen Lebensdauern

als kräftige Klammergriff zwängt alles in ein winziges Volumen ein und bildet so eine äußerst kompakte und robuste Struktur.

Das Proton ist als System so gut durchdacht, dass es sich in fast allen natürlichen Umgebungen wohlfühlt. Nicht einmal die gewaltigen Drücke und Temperaturen, die im Kern von Sternen herrschen, bringen es aus seiner Seelenruhe. Protonen werden allenfalls zu einer Fusion zu schwereren Atomkernen gezwungen, aber nicht einmal diese ungeheuren Energien können sie aufspalten. Dafür sorgt die Mauer aus Energie, die ihre Bestandteile zusammenhält und sich ihrer Zertrümmerung unüberwindbar entgegenstellt. Um Protonen zu zerstören, braucht es hochenergetische kosmische Strahlen, moderne Teilchenbeschleuniger, relativistische Materiejets, wie sie supermassereiche Schwarze Löcher ausstoßen, oder andere kosmische Katastrophen, die ähnliche Gewalten entfesseln.

Im Übrigen haben Protonen gleichmütig an allen wichtigen Materiezuständen teil, ohne sich jemals in leichtere Teilchen aufzuspalten. Als Wissenschaftler versuchten, bei ihnen einen ganz seltenen Zerfall zu ermitteln, mussten sie sich ins Offensichtliche schicken: Nicht einmal in den kolossalsten Apparaturen, in denen sie über Jahre unter Beobachtung standen, kam ein einziger Zerfall zum Vorschein. Soweit wir wissen, ist das Proton ein im Grunde ewiger Materiezustand, ein stabiles Teilchen, dessen mittlere Lebensdauer bei über 10^{33} Jahren liegt. Hätte auch unser Universum schon unendlich lange existiert, Milliarden Male länger als das schleichende

Die Zeit des unendlich Kleinen

Geschehen, bei dem Sterne, Galaxien und Sonnensysteme entstanden, hätten die Protonen wohl aller Wahrscheinlichkeit dies alles durchlebt, ohne auch nur eine Schramme abzubekommen.

Noch kurioser ist die Geschichte des Neutrons, einer Art Vetter des Protons, dem es in der Zusammensetzung stark ähnelt. Es besteht ebenfalls aus leichten Quarks, allerdings aus zwei Down-Quarks und einem Up-Quark, die allesamt von der von Gluonen vermittelten starken Kraft zusammengeklammert werden. Dies ergibt ein Teilchen ohne elektrische Ladung mit einer Masse, die etwas größer als die des Protons ist. Da das Neutron schwerer als sein geladener Vetter ist, könnte es in ein Proton zerfallen, ohne den Energieerhaltungssatz zu verletzen. Und dies geschieht auch, wenn es frei ist, also nicht mit Protonen zu einem Atomkern zusammengedrückt wird. In Freiheit kommt ein Neutron nicht weit: Mit einer mittleren Lebensdauer von rund einer Viertelstunde zerfällt es rasch in ein Proton, ein Elektron und ein Antineutrino. Das Verblüffende daran ist, dass es beieinanderbleibt, solange es sich in einem Atomkern aufhält. Die Wechselwirkung mit den anderen Neutronen und Protonen im Kern hält es so beschäftigt, dass an einen Zerfall nicht zu denken ist: Hier liegt seine mittlere Lebenszeit bei über 10^{31} Jahren.

Auch Neutrinos und Photonen sind stabile Bestandteile des Universums. Sie können absorbiert werden oder mit anderen Materieformen wechselwirken, aber sich selbst überlassen, zerfallen sie niemals in andere Teilchen.

Zwischen ephemeren Existenzen und ewigen Lebensdauern

Eine riesige dünne Wolke dieser schüchternen und leichten Teilchen durchzieht das gesamte Universum. Seelenruhig durchstreifen sie die großen kosmischen Weiten, seitdem sie sich vor Milliarden Jahren aus der Umarmung der Materie gelöst haben. Während die Neutrinos dies fast sofort, kaum eine Sekunde nach dem Urknall schafften, verlief für die Photonen alles komplizierter. 380 000 Jahre brauchten sie Geduld, bis sich die Raumzeit durch die eigene Ausdehnung hinreichend stark abgekühlt hatte. An diesem Punkt konnten sie der Materie, mit der sie einem Augenblick zuvor noch verbunden gewesen waren, schlagartig entfliehen und kamen auf freien Fuß. Seither schwirren sie weiterhin überall umher, schwächen sich mit zunehmender Expansion des Universums immer weiter ab und überschwemmen uns mit einer primordialen kosmischen Strahlung, die uns aus allen Richtungen erreicht.

Die stabilen Teilchen bilden die Grundlage für alle uns bekannten dauerhaften Formen der Materie. Dank ihrer können wir den Flügelschlag eines Schmetterlings oder die Entwicklung eines Neutronensterns erklären, in dem die Materie so dich zusammengepackt ist, dass ein Kaffeelöffel davon dreihundert Millionen Tonnen wiegt.

Während Jahrhunderte verfliegen und Jahrtausende aufeinanderfolgen, wirken unbehelligt die vollkommenen Mechanismen, welche die Dynamik dieser winzigen Teilchen regieren. Sie zeigen keinerlei Anzeichen von Verschleiß oder Abnutzung. In dieser winzigen unzerstörbaren Welt zerrinnt die Zeit, ohne den geringsten Kratzer zu hinterlassen. Alles deutet darauf hin, dass die Zeit für sie nicht existiert.

Die Zeit des unendlich Kleinen

Abgesehen von den Protonen und Neutronen wissen wir nicht, ob die stabilen Teilchen eine innere Verfassung haben; falls ja, muss es sich um eine gute Organisation handeln, die seit unbestimmter Zeit ohne Verlust oder Verschwendung wirkt.

Ihnen verdanken wir unser Dasein. In einer materiellen Welt ohne Stabilität und Beständigkeit könnten keine komplexen Gebilde wie biologische Organismen entstehen, die für ihre Entwicklung Milliarden Jahre brauchen. Stabile Teilchen bleiben auf unbestimmte Zeit erhalten, auch wenn sie ein genau festgelegtes Geburtsdatum haben, das wir in allen Einzelheiten nachvollziehen können. Wir wissen nicht, ob ihnen ein Ende bevorsteht. Falls ja, ereilt es sie aller Wahrscheinlichkeit nicht wegen einer inneren Schwäche, sondern wegen etwas völlig Unerwartetem, das den vollkommenen Mechanismus außer Gang setzt, der sie seit undenklichen Zeiten und scheinbar auf ewig funktionstüchtig hält.

Im unfasslichen Reich des Ephemeren

Haben wir soeben den Glanz der stabilen Materiebestandteile mit einer beruhigenden und majestätischen Symphonie in Dur gefeiert, so stürzt uns plötzlich und ganz unerwartet ein Tritonus in Besorgnis.

Das Kloster Fonte Avellana erhebt sich zwischen den Wäldern an der Flanke des Monte Catria im Apennin der Marken. Rund fünfzig Kilometer von der glanzvollen Renaissance-

Zwischen ephemeren Existenzen und ewigen Lebensdauern

stadt Urbino entfernt, hat es Ursprünge, die bis ins ausgehende 10. Jahrhundert zurückreichen. Tatsächlich erkoren um 980 n. Chr. einige Eremiten diesen Ort für ein Leben in Abgeschiedenheit von der Welt. Das Kloster ist eines der ältesten Europas, ein Zentrum des Wirkens der Kamaldulenser-Brüder, eines Benediktinerordens, der seinen Namen der Einsiedelei von Camaldoli bei Arezzo verdankt.

Das Kloster ist ein ganzer Komplex, eine labyrinthartige Anlage, die aus einer Reihe von Anbauten und Umgestaltungen hervorging. Erhalten ist noch das lichte einstige Skriptorium, in dem Kopisten Abschriften früherer Manuskripte anfertigten. Die kostbarsten Handschriften verwahrt eine glanzvolle Bibliothek, an deren Eingang eine griechische Inschrift prangt, welche die Bedeutung von Kultur auf wunderbare Weise zusammenfasst: *psychés iatreíon*, «Heilstätte der Seele».

Auf Wunsch lassen die Brüder, die das Kloster verwalten, Besucher in den einstigen Zellen übernachten. Trotz der moderneren Ausstattung atmen sie immer noch die Erinnerung an die berühmtesten Mönche, die dort weilten und deren Namen über der jeweiligen Eingangstür stehen. Wie der Zufall wollte, erhielt ich die Zelle Guido Monacos – auch Guido von Arezzo genannt – und kam so in den Genuss, in der Unterkunft jenes Mannes zu nächtigen, der als Erster die moderne Musiknotation kodifiziert hat.

Der Benediktinerbruder war von 1035 bis 1040 Prior von Fonte Avellana. Auf Anfrage kann man in der Bibliothek einige Handschriften von ihm betrachten, wenn auch nicht

Die Zeit des unendlich Kleinen

berühren. Guido Monaco war ein Schöpfer des modernen Notensystems, das heißt der noch heute, tausend Jahre später, gebräuchlichen Technik, die Tonstufen mit den Anfangssilben der Zeilen des Johannes-Hymnus *(do re mi fa sol la ti)* anzugeben.

Guido Monaco fiel als einem der Ersten auf, dass der Tritonus, zwei Töne im Abstand von drei Ganztönen, für das menschliche Ohr einen unerträglichen Missklang ergibt. Weil er Zuhörern das Blut in den Adern gefrieren ließ, wurde seither davon ausgegangen, dass bei ihm der Teufel die Hand im Spiel hatte. Nicht zufällig kam dieser *diabolus in musica* in den berühmtesten Riffs von Black Sabbath, einer Heavy-Metall-Band der Siebzigerjahre, zum Einsatz, und ebenso in zahlreichen Horrorfilmen sowie in Polizei- und Feuerwehrsirenen.

Der Tritonus alarmiert, schreckt auf, kündigt Furchtbares an. Und auch wir müssen in einem raschen Wechsel der Tonart aus der beruhigenden und gloriosen Welt der stabilen Materie in die unruhige und furchterregende der ephemeren Formen eintauchen. Der Übergang ist brüsk. Abrupt endet die große kompakte und geordnete Symphonie und weicht einer dünnen Atmosphäre, die Besorgnis auslöst und uns mit einer zufälligen Abfolge von Trillern und Rauschen umgibt, in der aus der Ferne kommender Donner widerhallt.

Der diabolische Akkord stürzt uns in den Höllenkreis der instabilen Teilchen. Materieformen, von deren Existenz wir bis vor kurzem noch nichts ahnten, tauchen für den Bruchteil einer Sekunde auf und wechseln plötzlich die Gestalt.

Zwischen ephemeren Existenzen und ewigen Lebensdauern

Diese Welt der ephemeren Objekte, die eine geradezu unbedeutende Existenz leben, gemahnt an die der Gespenster, die Hamlet in finsterste Verzweiflung stürzte. Die anderen Elementarteilchen und sämtliche Materieformen, die sich aus ihnen bilden können, sind hochgradig instabil. Kaum entstanden, lösen sie sich in einem winzigen Feuerwerk wieder auf. Exotische Formen von Materie entstehen aus Kollisionen kosmischer Strahlen mit gewöhnlicher Materie oder in Teilchenbeschleunigern, aber nur für ultrakurze Zeit, weil sie sich sogleich in stabile Teilchen verwandeln.

Den Prozess der Auflösung steuern Zufallsmechanismen. Massereichere Teilchen zerfallen in leichtere, sofern nur die Prinzipien der Energieerhaltung, der Ladung usw. respektiert werden. Und alles läuft so lange weiter, bis am Ende der Kette stabile Teilchen entstehen und der Prozess zum Stillstand kommt. Der Übergang erfolgt spontan und unkontrollierbar mit einheitlichen Wahrscheinlichkeiten in der Zeit. Zerfällt beispielsweise in einem bestimmten Zeitintervall ein Drittel der Teilchen, also dreißig von neunzig, gehen von den verbliebenen sechzig in gleicher Zeit weitere zwanzig unter und so weiter.

Durch diesen rein zufallsbedingten Mechanismus unterscheiden sich die Lebens- und Sterbensprozesse der Teilchen deutlich von denen lebender Organismen. In einer Population von Individuen, die eine mittlere Lebenserwartung von achtzig Jahren haben, ist das Sterberisiko in der Kindheit sehr gering und wächst mit zunehmendem Alter, bis es bei Errei-

Die Zeit des unendlich Kleinen

chen der durchschnittlichen Lebenserwartung einen Höchststand erreicht, dann aber wieder rapide abfällt. Viele erreichen ein hohes Alter, manche werden hundert Jahre alt, aber niemand kann darauf hoffen, gleich einige Jahrhunderte zu leben. Elementarteilchen ist ein ganz anderes Schicksal beschieden, denn für sie bleibt die Zerfallswahrscheinlichkeit über die Zeit konstant. Viele lösen sich sofort wieder auf, aber manche ganz glückliche können das Fünf- oder sogar das Zehnfache der mittleren Lebensdauer erreichen.

Die mittlere Lebenserwartung instabiler subnuklearer Teilchen hängt von der Kraft ab, die ihren Zerfall bewirkt: je größer deren Intensität, desto kürzer ihre Lebenserwartung. Die Glücklichsten, also die Teilchen, die sozusagen am längsten leben, sind diejenigen, die durch Reaktionen zerfallen, die von der schwachen Kraft gesteuert werden. In dem Fall überleben sie für eine Zeit in der Größenordnung von ~ 10^{-6} – 10^{-13} s. Ist für den Zerfall dagegen die elektromagnetische Kraft verantwortlich, sinkt ihre Lebenserwartung auf ~10^{-16} – 10^{-20} s, während Zerfallsprozesse in Verbindung mit der starken Wechselwirkung für ultrakurze Lebenserwartungen von rund 10^{-23} s sorgen.

Was steuert diese Phänomene? Eine Art innere Uhr? Wir wissen es nicht. Sagen können wir nur, dass Zerfälle zufallsbedingt ablaufen, beherrscht von den Energieschwankungen beim Quantenverhalten der Teilchen. Aber diese Zustände der Materie, die so ephemer sind, dass wir sie bis vor einem Jahrhundert noch ignorieren konnten, erwiesen sich als äußerst wichtig beim Verständnis der Gesetze, von denen die

Zwischen ephemeren Existenzen und ewigen Lebensdauern

Materie regiert wird – wenn auch nur deshalb, weil sie das frühe Universum unter den Extrembedingungen unmittelbar nach dem Urknall bevölkerten. Ihre Untersuchung in unseren Laboratorien ermöglichte uns nachzuvollziehen, was in den ersten Augenblicken im Leben des Universums geschah und welche Veränderungen es erfahren hat, bis es sich zu den stabilen Materieformen organisierte, die es heute kennzeichnen. Aber vor allem gab uns diese Welt der instabilen und wechselhaften Zustände Aufschlüsse zu den grundlegenden Symmetrien, die die elementaren Bestandteile der Materie beherrschen. Ohne die Hilfe dieser «Gespenster» hätten auch die Wissenschaftler – wie Hamlet – niemals erfahren, was sich einst wirklich zugetragen hat.

Das halsbrecherische Leben der Myonen

Myonen sind geladene Teilchen wie Elektronen und unterliegen folglich der Einwirkung elektrischer und magnetischer Felder. Da sie aber rund zweihundertmal mehr Masse haben als diese, erfahren sie deutlich geringere Beschleunigungen und strahlen folglich seltener Photonen ab. Deswegen durchdringen sie Materie weitaus leichter als Elektronen und stehen hier gleich hinter den Neutrinos, die als neutrale Teilchen mit der Materie nur ganz schwach wechselwirken. Myonen können ungestört kilometerweit durch kompakten Fels hindurchsausen und lassen sich dabei stets nur schwer aufhalten.

Die Zeit des unendlich Kleinen

Die Durchschlagskraft der Myonen wird dadurch begrenzt, dass sie als instabile Teilchen in Elektronen und Neutrinos zerfallen. Für ihren Zerfall ist die schwache Wechselwirkung verantwortlich, weshalb sie eine vergleichsweise hohe mittlere Lebensdauer von 2,2 Mikrosekunden haben. Gut 2 millionstel Sekunden mögen für eine Lebensspanne verschwindend kurz erscheinen, sind im Vergleich zu der anderer instabiler Teilchen aber doch eine beneidenswert lange Zeit. Und wenn sich Myonen mit Geschwindigkeiten nahe c bewegen, wird ihr Leben mitunter ziemlich gefährlich und erst so richtig interessant. Da sie ca. 0,1 GeV wiegen, lassen sich Myonen leicht auf relativistische oder ultrarelativistische Geschwindigkeiten beschleunigen, womit ihre mittlere Lebenserwartung beachtlich steigt.

Das verbreitetste Beispiel sind Myonen kosmischer Strahlung, Teilchen, die durch uns hindurchsausen, ohne großen Schaden anzurichten, wie ein unsichtbarer feiner Regen, der aus allen Richtungen auf uns einpeitscht. Sie gehen aus hochenergetischen Protonen hervor, die die Tiefen der kosmischen Räume durchquert haben und mit den Atomen der oberen Schichten der Erdatmosphäre in 15 bis 20 Kilometern Höhe wechselwirken. Aus diesen Kollisionen entstehen die Myonen als Sekundärteilchen, würden aber ohne die starken relativistischen Effekte niemals die Erdoberfläche erreichen. Auch mit der Geschwindigkeit von c, der maximalen, kämen sie keine 700 Meter weit. Und doch finden wir einen konstanten Strom von Myonen vor, auch auf Meereshöhe oder in Höhlen tief unter der Erdoberfläche – eine weitere Bestätigung für die Spezielle Relativitätstheorie. Knapp die Hälfte der Myonen, die in der oberen Atmosphäre entstehen, flitzt mit über 99,9 Prozent der Lichtgeschwindigkeit dahin. Dadurch leben sie fünfundzwanzigmal länger als ihre mittlere Lebensdauer und können problemlos mehr als 16 Kilometer Atmosphäre durchqueren. In ihrem Bezugssystem verändert sich die Zeit gewöhnlich nicht, sie zerfallen regelmäßig bei einer Lebenserwartung von 2,2 Mikrosekunden, aber für uns, die wir sie von außen beobachten, dehnt sich die Zeit ihrer Existenz aus. Deswegen erreicht uns ein Bruchteil der Myonen, auch wenn wir ein Sonnenbad am Strand nehmen oder mit dem Teilchendetektor des Compact-Muon-Solenoid-Experiments (CMS) bei Genf arbeiten, der hundert Meter unter der Erdoberfläche liegt.

Mit dem Vorbild Major Kongs, der in Stanley Kubricks *Dr. Seltsam* eine Atombombe reitet, stellen wir uns vor, rittlings auf einem Myon durch die Lüfte zu jagen. Bei so einem Flug müssen wir uns auf seltsame Phänomene gefasst machen. Die Myonen, die bei Kollisionen in modernen Teilchenbeschleunigern entstehen, erreichen Energien von Tausenden GeV. Die relativistische Zeitdilatation wirkt sich eindrucksvoll auf ihre mittlere Lebensdauer aus. Bei den Myonen von 1 TeV, die der LHC erzeugt, beträgt sie rund zwei Hundertstelsekunden; bei einer Ausstrahlung in die richtige Richtung können sie also die Erde ganz durchqueren und unbehelligt im Pazifik bei Neuseeland wieder herausschießen. Den Energierekord halten die Myonen, die von den gewaltigsten kosmischen Strahlen erzeugt werden: Sie erreichen

Die Zeit des unendlich Kleinen

Werte bis zum Hundertfachen der Myonen des LHC und überleben bis zu einigen Sekunden. Diese Durchschlagskraft kosmischer Myonen fand ganz unerwartete Verwendungen. Vor einigen Jahren gaben die Zeitungen bekannt, dass in der Cheops-Pyramide im ägyptischen Gizeh eine bislang unentdeckte Geheimkammer zum Vorschein kam. Die Meldung machte vor allem wegen der Methode Furore, mit der sie entdeckt worden war. Nicht etwa abenteuerlustige Archäologen wie Indiana Jones waren diesem sogenannten «großen Hohlraum» auf die Spur gekommen. Verborgene Zugänge auszugraben oder gefährliche Stollen zu überwinden war dafür nicht notwendig gewesen. Die Entdecker, ein Team naturwissenschaftlich arbeitender Archäologen, erstellten mithilfe von Myonen-Detektoren, die den Fluss dieser Teilchen durch die Pyramide aufspürten, eine radiographische Aufnahme des antiken Bauwerks. Tatsächlich lassen sich Myonen ähnlich nutzen wie die Röntgenstrahlen, die bei Computertomographien im Krankenhaus Körper durchleuchten. In dem Medium, das sie durchdringen, treten sie seltener dort in Wechselwirkungen ein, wo die Dichte geringer ist oder ein Hohlraum liegt. Die Aufzeichnung der Unterschiede im Teilchenfluss macht es so möglich, Bilder des Inneren zu erstellen. Die Methode, mit der die Pyramide erkundet wurde, diente auch für andere Untersuchungen, zum Beispiel für Aufnahmen der Magmakammern großer Vulkane.

Dass sich die mittlere Lebensdauer von Myonen ausdehnen lässt, gab Anstoß zu einem neueren Projekt, dem Bau eines Myonen-Beschleunigers, der enorme Vorteile verspricht. Myonen ermöglichen besonders saubere Kollisionen, weil sie wie Elektronen punktförmig sind, wobei sich aber auch noch höchste Energien erreichen lassen: Wie Protonen können Myonen ohne nennenswerte Energieverluste durch Strahlung bis auf einzige Dutzend TeV beschleunigt werden. Als ein nicht unerheblicher Vorzug könnten dazu Ringe mit einem deutlich geringeren Durchmesser eingesetzt werden, als sie für Giganten wie den Future Circular Collider (FCC) gebraucht werden. Der deutlich verkleinerte Tunnel für einen Myonen-Beschleuniger würde natürlich auch erhebliche Kosten für die Magnete und Infrastruktur sparen.

Um Myonen-Pakete lange genug am Leben zu halten, in einen Beschleuniger einzuspeisen, zirkulieren zu lassen und Kollisionen herbeizuführen, würde eine Phase der Vorbeschleunigung auf einige zig GeV genügen. Schon mit diesem Wert ließe sich ihre mittlere Lebensdauer um das Vielhundertfache ausdehnen.

Um eine solche Anlage der Träume zu verwirklichen, müssten als wichtigste Voraussetzung Myonen in großer Zahl und mit den geeigneten Eigenschaften hergestellt werden, die in einen Collider injiziert und beschleunigt werden können. Immerhin laufen schon einige Studien, um die richtigen technischen Lösungen zu finden. Sollten sie zum Erfolg führen, eröffnet sich damit bald ein neuer Weg für den Bau von Beschleunigungsanlagen. Myonen-Beschleuniger könnten dann die beiden traditionellen Forschungslinien, die auf Elektronen und Protonen beruhen, sinnvoll ergänzen.

Die Zeit des unendlich Kleinen

Schönheit, Charme und Scham der Quarks

Die beiden schweren Quarks *b* und *c* erhielten die vielsagenden Bezeichnungen *beauty*, «Schönheit», und *charm*, «Charme». Ebenfalls instabil, zerfallen sie wie das Myon durch schwache Wechselwirkung, haben dabei aber deutlich kürzere mittlere Lebensdauern. Diese liegen zwischen 10^{-12} und 10^{-13} s. Die Messung so winziger Zeitintervalle stellt selbst die modernsten Uhren vor eine Herausforderung. Aber auch hier kommt uns die relativistische Zeitdilatation zur Hilfe.

Beide Quarks sind ziemlich massereich: Das Charm-Quark wiegt rund 1,3 GeV, das Beauty-Quark über 4 GeV. Damit sind beide schwerer als ein Proton. In Kombination mit anderen Quarks bilden sie Zustände der Materie, die deutlich schwerer und instabiler sind als die gewöhnlichen. Mit so großen Massen lassen sie sich nicht so einfach auf relativistische Geschwindigkeiten beschleunigen wie Elektronen oder Myonen. Beauty und Charm müssen auf Massen von einigen zig GeV gebracht werden, was aber mit modernen Teilchenbeschleunigern ziemlich bequem gelingt.

Um derart kurze Zeitintervalle wie die mittleren Lebensdauern von *b* und *c* zu messen, führt der Weg über den Raum, also über Messungen der winzigen Entfernungen, welche die Korpuskel nahezu mit Lichtgeschwindigkeit zurücklegen, bis sie in einem Schauer aus Sekundärteilchen zerfallen. Die Quarks entstehen «nackt», sind in diesem Zustand aber unsichtbar, weil wir sie wegen einer Art Segre-

Zwischen ephemeren Existenzen und ewigen Lebensdauern

gation der starken Wechselwirkung nicht als einzelne Quarks untersuchen können. Die starke Wechselwirkung, der sie unterliegen, zwingt sie mit gewaltiger Kraft zu einer sofortigen Verbindung mit anderen Quarks. Es ist, als gebärdeten sich die nackten Quarks besonders verschämt, als entsetze sie der Gedanke, ihre intimste Blöße verstohlenen Blicken preiszugeben. Kaum sind sie aus den hochenergetischen Kollisionen hervorgegangen, umgeben sie sich mit anderen Quarks, mit denen sie wechselwirken, wie um sich mit ihnen ordentlich und anständig einzukleiden. Aber sobald das neue Teilchen zerfallen ist, zeigt sich ihre Präsenz unmissverständlich. Und ist erst die charakteristische mittlere Lebensdauer der b- oder der c-Quarks ermittelt, liegt der unumstößliche Beweis vor, dass Beauty oder Charm hinter der Maskerade steckten.

Die eigentliche Herausforderung besteht darin, die sogenannten Sekundärvertices der Wechselwirkung zu rekonstruieren. Der mittlere Punkt, in dem die Begegnung der beschleunigten Teilchenpakete erfolgt, ist ausreichend präzise bekannt. Zudem lässt sich für jede Kollision der genaue Punkt ermitteln, in dem sich – zum Beispiel im LHC – die beiden Protonen begegnet sind und neue Teilchen erzeugt haben. Dieser sogenannte Primärvertex der Wechselwirkung lässt sich dadurch rekonstruieren, dass der Schnittpunkt zwischen den Ladungsspuren ermittelt wird, die aus der Kollisionszone hervorgehen. Um die mittlere Lebensdauer eines b-Quarks zu messen, muss der Punkt identifiziert werden, in dem es bei seinem Zerfall ein Minifeuerwerk zündet. Dann muss nur nach dem Ausgangspunkt der Ladungsspuren aus

Die Zeit des unendlich Kleinen

dem Zerfall gesucht werden, um den Sekundärvertex zu rekonstruieren, der in einigem Abstand zum Primärvertex liegt.

Alles dreht sich darum, wie präzise sich die hinterlassenen Spuren messen lassen. Dabei geht es um verschwindend geringe räumliche Abstände. Wir versuchen Vertices auseinanderzuhalten, die manchmal nur den Bruchteil eines Millimeters auseinanderliegen, was nur mit modernsten Apparaturen zur Rekonstruktion der Spuren möglich ist. Dank neu entwickelter, ultrasensibler und höchstpräziser Sensoren hat sich ein Vorhaben, das noch vor einigen Jahrzehnten als Traum erschien, inzwischen in eine Routinepraktik verwandelt.

Die neu eingeführten Spezialdetektoren liefern bei den Spuren heute eine Messgenauigkeit von unter 10 μm (10 tausendstel Millimeter) und ermöglichen die Rekonstruktion von Sekundärvertices, die von den primären weniger als 100 μm entfernt sind. Damit lassen sich problemlos mittlere Lebensdauern von nur 10^{-13} s ermitteln, die sich in Flugstrecken in einer Größenordnung von 10 μm bis zum Zerfall niederschlagen. Wegen ihrer ultrarelativistischen Geschwindigkeiten legen die *b*- und *c*-Quarks, die in den Kollisionen des LHC entstehen, bis zum Zerfall Strecken im Bereich von einem Millimeter zurück, sodass diese hochpräzise gemessen werden können. Hier liegt allerdings gegenwärtig die Grenze bei der Methode, die mittlere Lebensdauer instabiler Teilchen anhand von deren Flugzeit zu messen.

Der Vorstoß in den Bereich von mittleren Lebensdauern

Zwischen ephemeren Existenzen und ewigen Lebensdauern

bis 10^{-16} s lässt sich mit einem Collider nicht mehr leisten. Dafür sind Strahlenbündel nötig, die auf ein festes Ziel gerichtet werden. Aber auch wenn sich so zehntausendmal höhere Zeitdilatationen erzeugen lassen, reicht nicht einmal diese extreme Methode hin, um den verschwindend kurzen mittleren Lebensdauern auf die Spur zu kommen, die über die starke Wechselwirkung zerfallen.

Die Fähigkeit, Sekundärvertices zu identifizieren und auf diesem Wege die Spuren schwerer Quarks in der Kollision zu rekonstruieren, erwies sich als entscheidend für zahlreiche Entdeckungen, auch für die des Top-Quarks, das das schwerste seiner Klasse ist.

Dieses massereichste aller bekannten Teilchen zerfällt sofort nach seiner Entstehung wieder. Es hat es so eilig, sich aus dem Kreislauf zurückzuziehen, dass ihm vor dem Zerfall nicht einmal die Zeit bleibt, sich anzukleiden. Als das einzige Quark scheidet es «splitternackt» aus dem Leben. Seine mittlere Lebensdauer wird auf 5×10^{-25} s geschätzt, sodass seine Flugstrecke bis zum Zerfall nicht messbar ist. Dieser erfolgt über die schwache Wechselwirkung, vollzieht sich dabei aber in verschwindend kurzer Zeit, weil das Top-Quark wegen seiner gewaltigen Masse in der kalten und unwirtlichen Gegend, in die es hineingeschossen wird, keinen Augenblick überleben kann. In Sicherheit wiegen kann sich das Top-Quark nur in einer Umgebung mit einer gewaltigen Energiedichte. Eine ganz kurze Periode des Glücks, ein flüchtiges Goldenes Zeitalter hat es in den ersten Augenblicken im Leben des Universums durchlebt. Damals herrschten noch so hohe

Die Zeit des unendlich Kleinen

Temperaturen, dass es mit den anderen Quarks und Gluonen frei herumtollen konnte. Doch kaum begann sich das neugeborene Universum abzukühlen, war mit einem Schlag alles vorüber.

Interessant dabei ist, dass am Zerfall des Top-Quarks immer ein W-Boson und ein anderes Quark, in den allermeisten Fällen ein *b*-Quark, beteiligt sind, das nach dem Zurücklegen einer messbaren Flugstrecke ebenfalls zerfällt. Bei einer Rekonstruktion der Zerfälle von *b*-Quarks lässt sich ermitteln, welcher Anteil von Top-Quarks stammt. Dazu muss ihnen nur ein W-Boson zugeordnet werden, und die Sache ist erledigt. Dank dieser untrüglichen Signatur wurden die ersten wenigen Ereignisse ausgemacht, an denen das massereichste Quark beteiligt war – 1995 im Beschleuniger Tevatron am Fermilab in den Vereinigten Staaten. Ähnliche Methoden kommen noch heute im LHC zum Einsatz, um Millionen von Top-Quarks zu identifizieren und deren Eigenschaften eingehend zu untersuchen.

Auch das Higgs-Boson – ebenfalls sehr massereich, wenn auch leichter als das Top-Quark – hat eine ultrakurze Lebensdauer. Die Zerfallsprodukte, in die es sich auflöst, gehen praktisch aus dem Primärvertex der Wechselwirkung hervor. Seine mittlere Lebenszeit liegt schätzungsweise in einer Größenordnung von 10^{-22} s. Sie stellt die experimentellen Physiker vor eine weitere, fast unlösbare Herausforderung. Wie lassen sich so kurze Lebensdauern messen? Das sehen wir im nächsten Kapitel, aber dazu brauchen wir einmal mehr die Quantenmechanik.

8

Eine ganz spezielle Beziehung

Wie Top-Quarks und Higgs-Bosonen sind auch W- und Z-Bosonen besonders instabil. Den massereichsten Teilchen des Standardmodells steht das gleiche Schicksal bevor: Sie sterben sofort nach der Entstehung wieder, binnen eines verschwindend geringen Bruchteils einer Sekunde. Vergleicht man ihre gewaltige Masse mit der anderer Elementarteilchen, gibt es keinen Zweifel: Sie bilden ein Geschlecht von «Giganten». Aber ihre Größe ist vernachlässigbar, sie sind jedenfalls punktförmige Teilchen, denen es gelingt, die einem Goldatom entsprechende Masse auf ein schier unendlich kleines Volumen zu konzentrieren. Sozusagen als Preis dafür sind sie zur kurzlebigsten aller Existenzen verdammt.

Weil ihre mittleren Lebensdauern in einem Bereich zwischen 10^{-22} und 10^{-25} s liegen, könnte kein Instrument die Flugstrecke ausmachen, die sie bis zu ihrem Zerfall zurücklegen. Selbst mit Lichtgeschwindigkeit würden sie es nur bis

Eine ganz spezielle Beziehung

auf Entfernungen schaffen, die zwischen der Größe eines Protons und der eines Quarks liegen. Wegen ihrer großen Masse wären nicht einmal die leistungsfähigsten Teilchenbeschleuniger in der Lage, sie ausreichend mit Energie aufzuladen, um ihre mittlere Lebensdauer millionen- oder milliardenfach zu verlängern. Und nur dies böte eine gewisse Hoffnung, bei ihnen eine Flugzeit messen zu können.

Um derart winzige Zeitintervalle zu untersuchen, braucht es etwas Spezielles, eine völlig andere Methode, die sich die merkwürdigen Eigenschaften zunutze macht, die in der Materie zutage treten, wenn sie in ihre elementaren Bestandteile zerbröckelt.

Das Leben der Dioskuren

Alle Teilchen unterliegen den Gesetzen der Quantenmechanik. So seltsam diese uns auch erscheinen mögen: Sie beherrschen das Verhalten der Materie auf mikroskopischer Ebene und sind zahllose Male bestätigt worden. Allein ihre genaue Kenntnis hat es ermöglicht, die komplexen Geräte zu entwickeln, die für fast sämtliche Aktivitäten in modernen Gesellschaften grundlegend sind. Würde uns das Schicksal einen merkwürdigen Streich spielen und die Gesetze der Quantenphysik über Nacht außer Kraft setzen, würde alles seinen Betrieb einstellen: Flugzeuge und Autos, Krankenhäuser und Kommunikationszentren, Mobiltelefone und Computer, Fabriken und Logistikzentren.

Zwischen ephemeren Existenzen und ewigen Lebensdauern

Ein Eckstein der Quantenmechanik ist die Unschärferelation, und eben in diesem Prinzip wurde der Schlüssel entdeckt, mithilfe dessen sich die winzigsten mittleren Lebensdauern messen lassen.

Wenn man in der klassischen Physik zwei beliebige physikalische Größen wählt – zum Beispiel die Geschwindigkeit und die Position eines Ferraris, der auf die Ziellinie der Formel-1 zurast –, kann man beide gleichzeitig mit einer Präzision messen, der so gut wie keine Grenzen gesetzt sind. In der Quantenphysik ist dies nicht mehr möglich, weil hier eine neue Regel verbietet, sogenannte unvereinbare Größen gleichzeitig mit höchster Präzision zu messen. Reduziert man die Messunsicherheit, mit der eine der beiden bekannt ist, auf null, wächst die Unbestimmtheit der anderen ins Unendliche. Das Größenpaar Position und Impuls, also das Produkt aus Masse und Geschwindigkeit, ist das klassische Beispiel für unvereinbare Größen.

Die Unschärferelation – auch als Unbestimmtheitsprinzip bezeichnet – wurde häufig als eine Unsicherheit gerechtfertigt, die mit den inneren Störungen beim Messvorgang zusammenhänge. Wenn ich die exakte Position eines Elektronenpakets ermitteln will, kann ich dazu hochenergetische Photonen nutzen und messen, in welchem Winkel sie gestreut werden. Aber bei ihrer Wechselwirkung mit den Elektronen verändern sie schließlich deren Geschwindigkeit. In Wirklichkeit hat die Heisenbergsche Unschärferelation, benannt nach dem deutschen Physiker Werner Heisenberg (1901–1976), der sie 1927 eingeführt hat, eine grundlegendere

Eine ganz spezielle Beziehung

Bedeutung. Sie betrifft eine signifikante Eigenschaft der Quantensysteme, die kontinuierlich schwingen, alle möglichen Zustände durchlaufen, um plötzlich in einem der zulässigen Zustände zu erstarren, wenn der Messvorgang eingreift.

Als ein banales Beispiel betrachten wir die Münze des Schiedsrichters, die darüber entscheidet, welche Mannschaft im Fußball bei Spielbeginn den Anstoß ausführt. Während die Münze durch die Luft fliegt, wechselt sie zwischen den beiden möglichen Zuständen hin und her. Es ist, als zeige sie gleichzeitig Kopf *und* Zahl. Die Überlagerung der beiden ausschließlich möglichen Zustände endet erst mit ihrer Landung auf dem Spielfeld, nach der es keine Doppeldeutigkeit mehr gibt. Sie zeigt Kopf *oder* Zahl.

Alles deutet darauf hin, dass zwei unvereinbare Größen eines Quantenobjekts in einem sich entwickelnden System auch ohne Störungen durch einen Messvorgang nicht gleichzeitig exakt bestimmte Werte annehmen können. Wenn wir die Messung durchführen, stellen wir diese Unschärfe für den bestimmten Zustand fest, in den das System kippt, aber diese Unschärfe gilt anscheinend für alle Zustände. Die Freiheit der Quantensysteme, sämtliche möglichen Existenzen zu durchlaufen, ist nicht unbegrenzt. Dazu sind eherne Regeln zu beachten, deren Bedeutung sich unserem Verständnis in vielerlei Hinsicht bislang noch entzieht. Eine davon ist die Unschärferelation: Sie bildet eine Art strenges Tabu, das niemand verletzen darf.

Die Unschärferelation ist eines der vielen Dinge, die wir an der Quantenmechanik immer noch nicht begreifen. Obwohl diese Theorie ausgezeichnet funktioniert und wir sie ständig anwenden, ist sie uns immer noch ziemlich unklar. «Niemand versteht die Quantenmechanik», behauptete in den Siebzigerjahren der Nobelpreisträger Richard Feynman (1918–1988) in einer Äußerung, die bis heute ihre Richtigkeit hat. Unter der Unschärferelation und anderen Regeln und Phänomenen, mit denen wir jeden Tag konfrontiert sind, liegt etwas verborgen, das sich unserem Verständnis entzieht, vielleicht eine Schicht, in der Symmetrien und Erhaltungssätze wirken, von denen wir bislang noch nichts ahnen. Solange wir ihnen nicht auf die Spur kommen, müssen wir mit der Frustration leben, weiterhin die Quantenphysik zu nutzen, ohne alle ihre offenen Fragen beantworten zu können.

Auch Energie und Zeit sind unvereinbare Größen, für die die Heisenbergsche Unschärferelation gilt. Wenn wir eine von beiden mit hoher Präzision ermitteln wollen, müssen wir bei der anderen eine große Unbestimmtheit hinnehmen. Die Unsicherheit über die Energie eines Teilchens ΔE, multipliziert mit der über die Zeit Δt, muss größer oder gleich sein wie $h/4\pi$. Da h, die Planck-Konstante – auch Plancksches Wirkungsquantum genannt –, einen verschwindend geringen Wert hat, könnten wir diese Effekte in unserer makroskopischen Welt getrost ignorieren. Auch bei einer sehr genauen Messung bemerken wir nichts von den Grenzen, die uns die Unschärferelation hier auferlegt: Die experimentellen Ungenauigkeiten sind weitaus größer.

Untrennbar mit der Unschärferelation verbunden, erleben Energie und Zeit komplementäre Wirklichkeiten: Wenn die

Eine ganz spezielle Beziehung

Genauigkeit bei der Bestimmung der einen bis in den Himmel hinaufsteigt, stürzt die der anderen in die Hölle hinab, und umgekehrt.

Beide erinnern an den Mythos der Dioskuren, des Zwillingspaars Kastor und Pollux, die in einer Symbiose lebten. Ein begnadeter Rossbändiger der eine und ein unschlagbarer Faustkämpfer der andere, beteiligten sie sich gemeinsam an endlosen Kämpfen und glanzvollen Unternehmungen, mit der Argonautenfahrt nach Kolchis, der Suche nach dem Goldenen Vlies, als der berühmtesten. Laut Überlieferung waren beide Söhne der Leda und Zwillingsbrüder. Kastor soll Tyndareos, den König von Sparta und Ledas Gatten, zum Vater gehabt haben, während Pollux ein Sohn des Zeus gewesen sei, der Leda in Gestalt eines Schwans verführt habe. Beide seien in derselben Nacht gezeugt worden. Gemeinsam aufgewachsen, waren die Zwillingsbrüder aufs engste miteinander verbunden, aber während Kastor sterblich war, gehörte Pollux als Halbgott zu den Unsterblichen.

Als Kastor in der Schlacht stirbt, bittet der vom Schmerz überwältigte Pollux seinen Vater, ihn in einen Sterblichen zu verwandeln, um seinem Bruder ins Totenreich Hades nachfolgen zu können. Um ihn nicht zu verlieren, gewährt ihm Zeus, mit Kastor je einen von zwei Tagen im Olymp und den anderen in der Unterwelt zuzubringen, um ihr gemeinsames Leben abwechselnd im Reich des Lichts und in dem der Dunkelheit fortzusetzen.

Und so wurden aus Kastor und Pollux die beiden Dioskuren, Söhne oder Kinder des Zeus, die in einer Begriffserweiterung auch Trauernde bezeichnen, die einen Geschwisterteil verloren haben, dem sie sich unzertrennlich verbunden fühlten. Sie wurden mit den sich abwechselnden Sternen Hesperos, dem Abendstern, und Eosphoros, dem Morgenstern, gleichgesetzt, bis sich herausstellte, dass es sich bei beiden um ein und denselben Planeten Venus handelt, der am Abend- und am Morgenhimmel am hellsten unter den Sternen strahlt. Deswegen erkoren die Pythagoreer die Darstellung der Dioskuren zum Symbol für die Harmonie des Universums und der ununterbrochenen Aufeinanderfolge der beiden Himmelssphären, die abwechselnd über und unter der Erde hinwegzogen. Als Sinnbild für die Unsterblichkeit tauchen Darstellungen der Vereinigung der Zwillingsbrüder auf zahlreichen römischen Sarkophagen auf. Und noch heute nehmen die imposanten Statuen von Kastor und Pollux die zahllosen Touristengruppen in Empfang, die den Kapitolsplatz in Rom besichtigen wollen.

Kairos am Schopf packen

Ebenjenes Prinzip, das unserem Erkenntnisvermögen Grenzen zu setzen scheint, kann allerdings auch dessen Erweiterung dienen. In einer Umkehrung der Perspektive können wir die Heisenbergsche Unschärferelation folgendermaßen deuten: Für kleinste Zeitintervalle kann die Unbestimmtheit bei der Energie des Systems sehr groß werden. In seinem ständigen Schwanken zwischen sämtlichen möglichen Zu-

Eine ganz spezielle Beziehung

ständen durchläuft das System auch solche mit einer deutlich höherer Energie. Dabei gilt als Voraussetzung, dass sich dies in einem besonders kleinen Zeitintervall vollzieht.

In den zahlreichen Aspekten dieses Phänomens liegt auch eine Erklärung für den Zerfall instabiler Teilchen. Wie zum Beispiel kommt es, dass Myonen durch die schwache Wechselwirkung zerfallen? Um sich in Elektronen und Neutrinos aufzulösen, müssen sie ein W-Boson abgeben, ein Trägerteilchen der schwachen Kraft und ein Schwergewicht von 80 GeV. Aber wie können Myonen, die ein Zehntel GeV wiegen, achthundertmal schwerere Objekte hervorbringen? Ohne das Prinzip der Energieerhaltung zu verletzen, erscheint dies schlicht unmöglich.

Tatsächlich erfolgt dieser Prozess in zwei Phasen: In der ersten, ultrakurzen, verwandelt sich das Myon durch eine zufällige Fluktuation in ein Neutrino und gibt das schwere W-Boson ab. Wenn der Prozess in so kurzer Zeit abläuft, dass er innerhalb der vom Unbestimmtheitsprinzip gesetzten Grenzen bleibt, wird keine Regel verletzt und auch kein Gesetzesverstoß begangen. Wichtig ist, dass das W-Boson vom Tatort sofort wieder verschwindet, indem es in ein Elektron und ein weiteres Neutrino zerfällt. Am Anfang des Prozesses stand ein geladenes Myon, und am Ende, nach kürzester Zeit, liegen ein Elektron, also ein ebenfalls geladenes Teilchen, sowie zwei ultraleichte Neutrinos vor. Die Masse des Endzustands liegt unter der des Ausgangszustands, was bedeutet, dass die Elektronen und Neutrinos nicht stillstehen, sondern kinetische Energie haben. Letztlich sind die Energie des zerfallenden Teilchens und die der Endprodukte gleichgroß. Kein Prozess hat die ehernen Gesetze der Erhaltung von Energie und Ladung verletzt. Da die Wahrscheinlichkeit, zu fluktuieren und das zum Zerfall führende W zu emittieren, ganz dem Zufall unterliegt, ist der Anteil an Myonen, die zerfallen, in jedem gegebenen Zeitintervall immer gleich groß. Quantenmechanik und Unbestimmtheitsprinzip ermöglichen es uns, den charakteristischen Verlauf der Zerfallskurven instabiler Teilchen zu verstehen.

Dabei ist hervorzuheben, dass der Zerfallsprozess durch das Zutun eines besonders energiereichen Vermittlerteilchens zustande kam. Die Unschärferelation hat ihm sein Wirken ermöglicht, obwohl sein Erscheinen so flüchtig war, dass es niemand hätte detektieren können. Teilchen, die nur so kurzlebig existieren, dass ihre direkte Beobachtung unmöglich ist, heißen virtuelle Teilchen. Es sind geisterhafte Präsenzen, die nur für so kurze Zeit um die realen Teilchen herumschwirren, dass sie sich jeder Beobachtung entziehen.

Dank des Einsatzes des Unbestimmtheitsprinzips können wir die mittlere Lebensdauer der massereichsten und instabilsten Teilchen messen. Der Trick besteht darin, vor allem ihre Masse oder ihre Energie möglichst genau zu messen.

Bei einem stabilen Teilchen mit einer praktisch unbegrenzten Lebensdauer bliebe alle Zeit der Welt, um zahllose Messungen der Masse durchzuführen und aus ihnen eine sehr gut definierte Verteilung zu ermitteln, weil die aus der Heisenbergschen Unschärferelation hervorgehende Unbe-

Eine ganz spezielle Beziehung

stimmtheit vernachlässigbar wäre. Liegen dagegen Teilchen mit sehr kurzer Lebensdauer vor, kann die Masse nicht direkt gemessen werden, weil dazu die Zeit nicht ausreicht. Aber wir können die Energie ihrer sämtlichen Zerfallsprodukte messen und daraus die Masse des Mutterteilchens rekonstruieren. Dabei ist zu beachten, dass selbst bei einer unbegrenzten Messgenauigkeit alle Ergebnisse leicht voneinander abweichen. Erinnern wir uns daran, dass es ja gerade die Energie des Mutterteilchens ist, die in den winzigen Zeiträumen von dessen kurzem Leben schwankt. Wenn wir uns daranmachen, den Wert der Masse des Ausgangsteilchens zu rekonstruieren, stoßen wir auf eine glockenförmige Wahrscheinlichkeitsverteilung, eine sogenannte Resonanzkurve. Sie hat ein Maximum entsprechend dem zentralen Wert der Masse und ist desto breiter, je kürzer die mittlere Lebensdauer des Teilchens ist. Und darin besteht der geniale Trick: Wenn wir die Breite dieser Verteilung messen, das ΔE, das in Heisenbergs Unschärferelation auftaucht, können wir daraus Δt, seine mittlere Lebenszeit, ermitteln.

Das Unbestimmtheitsprinzip ermöglicht es uns, im Flug sogar Kairos am Schopf zu packen, jenen flüchtigen Augenblick, der so rasch vergeht, dass er nicht mehr messbar ist. In Darstellungen der Griechen taucht Kairos als ein junger Mann mit einer seltsamen Frisur auf, die wir heute als Punk bezeichnen würden: vorn mit einer Tolle und hinten kahlrasiert. Dieser kapriziöse Gott verkörpert den magischen Augenblick, die flugs zu ergreifende Gelegenheit, den unerwarteten Moment, der alles verändert. Er steht für die *Fortuna*

Zwischen ephemeren Existenzen und ewigen Lebensdauern

imperatrix mundi, die in Carl Orffs *Carmina Burana* besungen wird.

Die Unschärferelation bietet uns die Möglichkeit, Kairos am langen Schopf über der Stirn zu packen, ehe er sich im Nu umdreht und uns seinen kahlen Hinterkopf zeigt, an dem er nicht zu fassen ist. Heisenbergs Unbestimmtheitsprinzip, das unsere Messmöglichkeiten zu begrenzen schien, bietet sich so als der Kniff an, mit dem wir die verschwindend geringe Lebenszeit der schwersten unter den Elementarteilchen dingfestmachen können.

Die Zeit anhand der Energie messen

Nutzt man das Unschärfeprinzip, um die mittlere Lebensdauer von Teilchen zu messen, stößt man auf ein weiteres Paradoxon. Das ΔE, die Unsicherheit mit Blick auf die Masse des zerfallenden Teilchens, das wir messen wollen, verhält sich umgekehrt proportional zu Δt, seiner mittleren Lebensdauer. Plötzlich kehrt sich alles um. Bislang haben wir problemlos die längsten mittleren Lebenszeiten gemessen, während die Messung der kürzeren Schwierigkeiten bereitete. Jetzt geschieht genau das Gegenteil. Je kleiner die mittleren Lebensdauern sind, desto breiter ist die Glockenkurve, die die Masse der Teilchen beschreibt. Und desto leichter lässt sich diese messen. Eine Breite von einigen GeV zum Beispiel ist mit modernen Geräten ziemlich bequem messbar, aber sie entspricht besonders kurzen Lebensdauern, die sich im

Eine ganz spezielle Beziehung

Bereich von 10^{-25} s bewegen. Wenn wir die längeren untersuchen wollen, müssen wir es schaffen, winzige Breiten zu messen, was alles andere als einfach ist. Dies erklärt denn auch, wieso es gelungen ist, die mittleren Lebensdauern des Z- und des W-Bosons sowie des Top-Quarks präzise zu bestimmen, während man sich noch die Zähne daran ausbeißt, die des Higgs-Bosons zu ermitteln. Für Letzteres wird eine tausendfach längere mittlere Lebensdauer als bei den Gefährten erwartet, entsprechend einer sehr geringen Breite, die auch für die modernsten Apparate faktisch unwahrnehmbar ist.

Was die «Giganten» unter den Teilchen angeht, so wurde die mittlere Lebensdauer für das Z-Boson am präzisesten gemessen. Möglich wurde dies dank des Teilchenbeschleunigers LEP, des Vorgängers des LHC am CERN. Er war für Elektronen und Positronen ausgelegt, für punktförmige Objekte, deren extrem «saubere» Kollisionen für diesen Typ Messungen am geeignetsten sind, und von 1989 bis 2000 in Betrieb. Der LEP hat Millionen Z-Bosonen erzeugt und es damit ermöglicht, deren Zerfallsbreite mit optimaler Präzision zu messen: Sie liegt bei rund 2,5 GeV, was einer ultrakurzen mittleren Lebensdauer von $2{,}2 \times 10^{-25}$ s entspricht.

Der LEP erzeugte auch eine beachtliche Anzahl von W-Bosonen, bei denen sich eine Zerfallsbreite von rund 2,1 GeV zeigte, eine etwas geringere als beim Z-Boson. Beim W-Boson liegt die Lebenserwartung somit leicht höher bei 3×10^{-25} s.

Beim LEP reichte die Energie nicht aus, um Paare von Top-Quarks oder Higgs-Bosonen zu produzieren, sodass sich deren mittlere Lebensdauern nicht in einem idealen Umfeld messen ließen. Sie wurden mit verschiedenen Tricks am LHC geschätzt. Dabei sind Kollisionen zwischen Protonen, also zusammengesetzten Teilchen, ziemlich kompliziert, weshalb sich die Messung als besonders schwierig erweist. Bislang waren zu ihren Zerfallsbreiten und entsprechenden mittleren Lebensdauern nur grobe Schätzungen möglich. Die Zerfallsbreite des Top-Quarks soll – noch mit beachtlichen Messfehlern – bei rund 1,3 GeV liegen, was einer mittleren Lebensdauer um 4×10^{-25} s entspricht.

Das Higgs-Boson verdient eine gesonderte Erörterung. Die vom Standardmodell für ein Higgs mit 125 GeV Masse vorgesehene Zerfallsbreite liegt bei nur 0,004 GeV. Die Unschärfe seines Massenwerts ist winzig und seine Resonanzkurve äußerst schmal, sodass sie kein experimentelles Gerät am LHC messen könnte. Mit ein wenig Einfallsreichtum wurden indirekte Methoden zu ihrer Schätzung erstellt. Das bislang erhaltene Ergebnis sagt uns, dass die Breite des Higgs-Bosons nicht über 0,020 GeV liegen kann. Auf die Art gelangt man zu einer Untergrenze bei seiner mittleren Lebensdauer: Das Higgs muss länger als 3×10^{-23} s Bestand haben, aber tatsächlich sind wir noch weit davon entfernt, seine mittlere Lebensdauer messen zu können.

Warum ist es so wichtig, die Zerfallsbreite und die mittlere Lebensdauer der massereichsten Teilchen, insbesondere des Higgs, zu messen? Zum einen, um zu überprüfen, ob die Vorhersagen des Standardmodells stimmen, aber vor allem auch deshalb, weil uns diese Messung neue Entdeckungen bringen könnte. Abweichungen von Prognosen zur Breite

Eine ganz spezielle Beziehung

oder zur mittleren Lebensdauer des Higgs könnten auf «exotische» Zerfallsarten hindeuten, bei denen sich dieses Boson mit unbekannten Teilchen paart. Wem es als Erstem gelänge, hier eine erhebliche Diskrepanz nachzuweisen, würde das Standardmodell in eine Krise stürzen und den Weg für eine neue Physik ebnen. Bei diesen Forschungen könnten neue, vielleicht unsichtbare Teilchen oder vielleicht sogar einige der mysteriösen Bestandteile der Dunklen Materie zum Vorschein kommen.

In seiner Anfangsphase könnte der Riesenbeschleuniger FCC, der den LHC beerben soll, die Breite und mittlere Lebensdauer sämtlicher schwererer Teilchen präzise messen. Als eine Anlage für Elektronen und Positronen wären die von ihm herbeigeführten Kollisionen besonders leicht zu untersuchen, weil es sich bei beiden um punktförmige Objekte wie im LEP handelt. Und diesmal würde die Energie ausreichen, um das gesamte Geschlecht der «Giganten» eingehend zu erforschen: das W-, das Z- und das Higgs-Boson sowie das Top-Quark.

Das Projekt sieht vor, gewaltige Mengen an allen schwereren Teilchen des Standardmodells zu erzeugen, ihre Eigenschaften zu vermessen und dabei nach kleinsten Anomalien zu fahnden. Die Genauigkeit der Messungen der Breite und der mittleren Lebensdauer beim Z- und W-Boson würden gegenüber den jetzigen so um ganze Größenordnungen gesteigert, wobei für das Top-Quark und das Higgs-Boson eine Präzision im Prozentbereich erwartet wird.

Zwischen ephemeren Existenzen und ewigen Lebensdauern

*Die Streifzüge der Boten,
die Schutzbefohlenen des Hermes*

Die Villa dei Papiri, die steil über dem Meer bei Herculaneum aufragte, schlummerte fast 1700 Jahre unter der dreißig Meter dicken Geröllschicht, unter der sie der Vesuv bei seinem Ausbruch begraben hatte.

Die Pisonenvilla, wie sie auch heißt, war fast ein Jahrhundert vor dem Vulkanausbruch von Lucius Calpurnius Piso, dem Schwiegervater Gaius Julius Caesars, errichtet worden, um allen die Größe seiner *gens* vor Augen zu führen. Piso war ein Gelehrter, großer Kulturliebhaber und Förderer der epikureischen Philosophen. Bei den Ausgrabungen tauchten Hunderte verkohlter Papyrusrollen auf, die der Villa ihren Namen gaben.

Dieses imposante Bauwerk ist über zweihundertfünfzig Meter lang und rund fünfzig Meter breit gewesen, mit einem Hauptbau aus drei terrassenförmig angelegten Stockwerken. Wer sich ein Bild von dieser grandiosen Anlage machen möchte, besuche das Paul Getty Museum in Pacific Palisades bei Los Angeles. Es ist ein getreuer Nachbau der prachtvollen Residenz in Herculaneum, mit dem der exzentrische und milliardenschwere amerikanische Namensgeber des Museums seine Architekten betraut hat.

Zu den unschätzbaren Kostbarkeiten, die in der Villa zum Vorschein kamen, zählen nicht nur die über 1800 Papyrusrollen. Bei den Grabungskampagnen tauchten auch elegante

Eine ganz spezielle Beziehung

Wandmalereien, kostbare Mosaike, polychrome Marmorfußböden und gut 87 Statuen auf: 58 aus Bronze und die übrigen aus Marmor. Manche, absolute Meisterwerke, sind in einem eigenen Saal im Archäologischen Nationalmuseum Neapel zu bewundern. Eine hat mich immer wieder entzückt: die Statue des Hermes. Zahlreiche Kunsthistoriker sehen in ihr die römische Kopie eines griechischen Originals, das von dem großen Bildhauer Lysipp stammen soll.

Hermes ist als Jüngling dargestellt, im Sitzen, mit einem nach innen gewendeten konzentrierten Blick. Seine Beine sind leicht gespreizt, das rechte ist nach vorn ausgestreckt, das linke angewinkelt und der Fuß etwas zurückgezogen. Diese Asymmetrie kehrt sich bei den Armen um: Der linke Unterarm ruht mit herabhängender Hand auf dem rechten Oberschenkel, während der rechte Arm nach hinten auf den leicht auskragenden Felsen reicht, auf dem sich der sitzende Hermes mit flacher Hand abstützt.

Trotz des statischen Motivs – ein sitzender, sich ausruhender Jüngling – wirkt die Haltung dynamisch. Eben die Drehung des Oberkörpers, obwohl nur angedeutet, lädt den Betrachter dazu ein, um die Statue herumzugehen und sie aus unterschiedlichen Blickwinkeln zu betrachten.

Die kleinen Flügelschuhe an den Knöcheln der Statue lassen keine Zweifel: Dargestellt ist der Sohn des Zeus und der Nymphe Maia, der Götterbote Hermes, der flink von einem Ort zum anderen fliegt, aber auch mit meisterhafter Findigkeit und brillanter Intelligenz blitzschnell Überlegungen anstellt.

Zwischen ephemeren Existenzen und ewigen Lebensdauern

In der Frühe geboren, hat er schon um die Mittagszeit seine Wiege verlassen, einen Schildkrötenpanzer entdeckt und sich aus ihm eine Leier gebaut. Und schon am Abend des Tages fordert er seinen Bruder, den übermächtigen Apoll, heraus, indem er fünfzig Färsen aus dessen Rinderherden raubt. Und dies ganz unverhohlen.

Zeus vertraut diesem Gott der Geschwindigkeit und Gewandtheit die Rolle des Mittlers zwischen der überirdischen Welt und den Sterblichen an. Und in seiner römischen Version gibt er dem schnellsten der Planeten seinen Namen, als flinker Merkur, der durch den Himmel eilt, um die Menschen mit Zeus' göttlicher Ordnung in Kontakt zu bringen. Fortan hält Hermes, der erhabenste Bote, auf seinen Streifzügen Gegensätze zusammen und verbindet, was sich im Innersten unähnlich ist.

Die fundamentalen Wechselwirkungen werden von ganz bestimmten Teilchen vermittelt, sogenannten Vermittler- oder auch Austausch- oder Trägerteilchen, die Boten ähneln. Wie der Gott mit den Flügelschuhen verbinden sie heterogene, in gewisser Hinsicht widerstreitende Welten miteinander. Sie bringen Quarks und Leptonen zusammen, lassen sie miteinander wechselwirken oder verändern sie und besiegeln zuweilen auch ihr Ende.

Hier kommt eine weitere Konsequenz der seltsamen Beziehung zwischen Energie und Zeit ins Spiel, die in der Heisenbergschen Unschärferelation festgeschrieben ist. Die elektromagnetische Wechselwirkung zwischen zwei geladenen Teilchen lässt sich so betrachten: Das erste Teilchen emittiert

Eine ganz spezielle Beziehung

ein Photon mit der Energie ΔE, das sofort vom zweiten absorbiert wird. Alles gehorcht den Regeln, aber es gibt ein winziges Zeitintervall, in dem sowohl beide Teilchen als auch das emittierte Photon koexistieren, was offenbar den Energieerhaltungssatz verletzt. Nichts Gravierendes, solange dieser Zeitraum unter dem von der Unschärferelation definierten Δt liegt.

Diese Zeitspanne ist desto kürzer, je größer die transportierte Energie ΔE ist, weshalb sich der maximale vom Austauschteilchen durchquerte Raum, $c\Delta t$, aus der minimalen übermittelten Energie ergibt. Da jedes Vermittlerteilchen mindestens die seiner Masse entsprechende Energie tragen muss, besteht folglich eine Beziehung zwischen der Reichweite einer bestimmten Wechselwirkung und der Masse des Vermittlerteilchens.

Bei der elektromagnetischen Wechselwirkung liegen die Dinge einfach. Das Photon hat null Masse, also ist deren Reichweite unendlich. Jedes geladene Teilchen wechselwirkt mit allen anderen geladenen Teilchen des gesamten Universums, wo auch immer sie verteilt sind.

Dagegen sind das W- und das Z-Boson, die Boten der schwachen Wechselwirkung, besonders schwere Teilchen, weshalb sie das Unschärfeprinzip daran hindert, über große Entfernungen zu fliegen. Die Reichweite von Teilchen mit einer Masse von 80–90 GeV ist auf subnukleare Distanzen begrenzt. Deswegen erstirbt die schwache Wechselwirkung lange bevor sie die Ränder des Atomkerns erreicht. Bei einer so winzigen Reichweite wundert es nicht, dass die Menschheit Jahrtausende gebraucht hat, um dieser Kraft auf die Spur zu kommen.

Zwischen ephemeren Existenzen und ewigen Lebensdauern

Diese Unterscheidung zwischen den Grundkräften der Natur war entscheidend dabei, unserem Universum eine Struktur zu geben. Die flinken Boten haben Rollen und Einflusssphären untereinander aufgeteilt und in genau festgelegten Territorien Streifzüge unternommen. Unter der Ägide des Hermes haben sie unsere materielle Welt glanzvoll organisiert und dabei Maß und Harmonie hergestellt.

Das perfekte Paar

Energie und Zeit passen als Paar gut zusammen. Das Unschärfeprinzip verbindet sie miteinander in einer unauflöslichen Beziehung und zwingt sie in ein dynamisches Zusammenspiel in perfekter Synchronie. Wenn die eine in die Höhe schnellt, wird die andere auf winzigste Werte komprimiert. und umgekehrt. Wenn die eine das Zentrum der Bühne betritt, verschwindet die andere in der Ferne, aber sie können im Nu die Rollen tauschen.

Obwohl unversöhnlich erscheinend, verbindet sie in Wirklichkeit etwas ganz Grundlegendes miteinander: ein extrastarkes Bündnis, das im feinsten Gewebe unseres materiellen Universums wurzelt. Eine erste Ahnung davon vermittelt der Energieerhaltungssatz, eines der am meisten gefürchteten und respektierten universellen Gesetze. In seiner elementarsten Form ist eine besondere Beziehung zur Zeit enthalten.

Wie wohl bekannt ist, gibt es für jede stetige Symmetrie der Gesetze der Physik einen entsprechenden Erhaltungs-

Eine ganz spezielle Beziehung

satz, also eine messbare physikalische Größe, die unverändert bleibt. Bleiben die Bewegungsgesetze unverändert, wenn der Ausgangspunkt der Zeitachse verändert wird, bedeutet dies zum Beispiel, dass die Energie des Systems erhalten bleibt. Diese starke Beziehung verbindet zwei nicht voneinander ableitbare und scheinbar fremde Größen auf immer miteinander.

Im Kern dieser so besonderen Verbindung liegt das größte aller Geheimnisse verborgen. Dank des Unschärfeprinzips, das die Dynamik dieses seltsamen Paares regelt, kann sich das Vakuum in ein wunderbares materielles Universum verwandeln. Achtung: Das Vakuum ist ein materieller Zustand wie alle anderen. Es ist kein Nichts, selbst wenn es keinerlei Form von Materie enthält, von keinen materiellen Teilchen durchquert wird und auch keine irgendwie gearteten Felder beherbergt. Könnten wir, wenn wir es stören, seine Energie in einer Reihe von Experimenten messen, würden wir eine Abfolge von Zufallswerten feststellen, die um null herum verteilt sind. Es hat eine mittlere Energie von null, was bedeutet, dass es auf mikroskopischer Ebene eine endlose Abfolge von Fluktuationen durchläuft, kleinen, von der Heisenbergschen Unschärferelation geregelten Zufallsschwankungen, die für ein unablässiges Gewimmel von Zuständen sorgen.

Sämtliche experimentelle Beobachtungen in der Physik der letzten Jahrzehnte laufen auf die keineswegs selbstverständliche Schlussfolgerung zu, dass gerade diese winzigen Fluktuationen am Uranfang des Universums standen. Auch das Vakuum gehorcht zwangsläufig dem Unschärfeprinzip,

Zwischen ephemeren Existenzen und ewigen Lebensdauern

weshalb es nicht reglos und starr gleich bleiben kann. Aus ihm entstehen ständig Paare aus Teilchen und Antiteilchen, die nach kürzester Existenz wieder in den Urzustand zurückkehren. Dank des Unschärfeprinzips verwandelt sich das Vakuum in eine Art unerschöpfliches Lager für Materie, Antimaterie und Kraftfelder, die im Fluktuieren sämtliche Konfigurationen durchlaufen.

Und in einer dieser winzigen Fluktuationen, die wir uns als winzige Bläschen von verschwindend geringer Ausdehnung – deutlich unter der unserer Quarks – vorstellen können, geschieht nun etwas Merkwürdiges. Bei der sogenannten kosmischen Inflation, diesem in Teilen noch im Dunklen liegenden Phänomen, dehnt sich ein disziplinloses Bläschen, anstatt sogleich wieder zusammenzufallen und in seinen Urzustand zurückzukehren, ganz plötzlich aus und nimmt schlagartig gewaltige Ausmaße an.

Im lächerlich kurzen Zeitraum von 10^{-35} s bläht sich die geringfügige Anomalie zu etwas Makroskopischem auf. Zwei perfekt gemischte Zutaten sind in einem Zustand miteinander verflochten, der noch die gleichen Quantenzahlen wie das Vakuum hat, aber sich schon als etwas sehr Interessantes präsentiert.

Das verwendete Rezept ist ganz einfach und genial. Es müssen nur zwei sich ergänzende Ingredienzien zusammenkommen, von denen die eine so viel Energie absorbieren kann, wie zur Erzeugung der anderen notwendig ist, und schon ist die Sache gebacken.

Um Masseenergie zu erzeugen, braucht es eine Anleihe an

Eine ganz spezielle Beziehung

Energie, da das Vakuum ja null Energie hat. Möglich ist dies unter der Voraussetzung, dass diese Anleihe schleunigst wieder zurückgezahlt wird. Aber wenn aus dem Vakuum heraus mit Masseenergie auch eine raumzeitliche Struktur entsteht, gleicht sich wie durch ein Wunder alles wieder aus. Jede in ihr enthaltene Form von Masse oder Energie unterliegt der gravitativen Anziehung durch alle anderen Formen von Masse oder Energie. Entsteht zwischen zwei Körpern eine Bindung, stellt sich ein Zustand negativer Energie ein, weil Energie aufgewendet werden muss, um sie wieder zu entkoppeln. Die Gravitation, die aus der Verformung der Raumzeit hervorgeht, zahlt gleichsam den Kredit zurück, der beim Vakuum aufgenommen werden musste, um aus ihm Materie hervorsprudeln zu lassen. Die negative Energie gleicht die positive exakt aus. Die Schulden werden bei dieser Bank sofort wieder abgetragen, noch bevor irgendjemand auf den Gedanken kommt, Mahnverfahren einzuleiten und sie mit unschönen Mitteln einzutreiben.

Die Raumzeit hat sich schlagartig mit einer furiosen, deutlich über c liegenden Geschwindigkeit ausgedehnt und sich abrupt mit Energie gefüllt. Aber auch hier wieder Achtung: Die Grenze der Lichtgeschwindigkeit gilt hier nicht. Innerhalb der Raumzeit kann sich nichts mit einer Geschwindigkeit höher als c bewegen, aber sie selbst kann sich mit einem noch rasanteren Tempo aufblähen.

Dieses uranfängliche Bläschen, aus dem alles hervorging, war wie alle mikroskopischen Objekte von winzigsten Kräuselungen durchzogen, so wie alle Systeme, in denen die Ge-

Zwischen ephemeren Existenzen und ewigen Lebensdauern

setze der Quantenmechanik gelten. Die außergewöhnliche Expansion durch die Inflation hat diese winzigen Dichtefluktuationen über jedes Vorstellungsvermögen hinausgehend bis auf eine kosmische Größenordnung ausgedehnt. Die uns umgebenden großräumigen Strukturen, Galaxien und Galaxienhaufen, haben sich um diese winzigsten inhomogenen Bereiche zusammengeballt, die von der Inflation auf eine astronomische Skala aufgebläht wurden. Der Himmel einer klaren Nacht zeigt uns, dass die Quantenmechanik, die gewöhnlich unangefochten die allerkleinsten Abstände beherrscht, auch in den endlosen kosmischen Weiten unstrittig ihre Spuren hinterlassen hat.

Ohne die Zeit, die mit der Energie Verstecken spielt, könnten wir diese Geschichte hier nicht erzählen.

9

Kann man den Zeitpfeil umdrehen?

«Könnte man die Uhr doch zurückdrehen ...» Wer hat diesen Satz nicht schon mindestens einmal im Leben geäußert, wenn sich eine Entscheidung im Rückblick als bedauerlich erwies? Vielleicht wurde eine Gelegenheit verpasst, die dem Leben eine Wende hätte geben können, oder ein Fehler begangen und einem lieben Menschen Leid angetan. Unter dramatischeren Umständen wurden ähnliche Worte einem Priester ins Ohr geflüstert oder hallten zwischen den Wänden einer Zelle wider.

Dem Gedanken, einen abgeschossenen Pfeil in den Köcher zurückstecken zu können, bevor er das Herz durchbohrt, wohnt ein Zauber inne, der die Menschheit seit Urzeiten begleitet. Die großen Dichter schilderten die Reue des Orpheus, der seine Eurydike auf ewig verlor, weil er der Verlockung erlag, ihr für einen Augenblick in die Augen zu schauen; oder die Verzweiflung Othellos, der, von Iago heimtückisch getäuscht, Desdemona getötet hat.

Zwischen ephemeren Existenzen und ewigen Lebensdauern

Gegen Ende des 19. Jahrhunderts erhält die bislang nur in der Fantasie erfüllbare Sehnsucht unversehens eine fast mit Händen zu greifende Konsistenz. Das Unmögliche rückt plötzlich in den Blick und weckt neues Interesse an dem uralten Traum, den Ablauf von Ereignissen umkehren zu können. Technische Fortschritte und neue Erfindungen stellen die Unumkehrbarkeit der Zeit infrage. Jenes Bewusstsein, das seit dem 4. Jahrhundert v. Chr. Denker wie Epikur als unumstößliche Wahrheit formulierten, gerät in die Krise: «dass es nicht möglich ist, Geschehenes ungeschehen zu machen».

Mit den ersten Filmprojektionen ermöglichten es die Brüder Lumière Zuschauern, die Auswirkungen der Zeitumkehr hautnah mitzuerleben.

Die genialen Erfinder der Kinematografie hatten ihre Fotoplattenfabrik in Lion zum Drehort ihres Kurzfilms *Die Arbeiter verlassen die Lumière-Werke* auserkoren. Dieser erste Streifen der Geschichte, den sie dem Publikum 1895 präsentierten, stieß auf ein außergewöhnliches Interesse. In Massen strömten die Pariser herbei, um sich das neuartige Spektakel nicht entgehen zu lassen, worauf die Erfinder sich sogleich herausgefordert sahen, weitere und immer überraschendere Filme zu drehen, um diese Neugierde am Leben zu halten. Sehr bald entdeckten die Brüder Lumière, dass sie die Zuschauer geradezu hypnotisieren konnten, wenn sie den Film rückwärtslaufen ließen.

Zum Einsatz kam dieser Trick erstmals im Film *Abriss einer Mauer*, den Louis Lumière 1895 gedreht hatte. Die Szene spielt erneut im Familienbetrieb, diesmal mit Auguste, dem

Kann man den Zeitpfeil umdrehen?

älteren Bruder, als Protagonisten. Er überwacht die Arbeiter eines Bautrupps dabei, wie sie mit Spitzhacken und Winden eine alte Mauer niederreißen. Als sie einstürzt, löst sie sich in eine Wolke aus Staub und Geröll auf. Kurz darauf ersteht sie in einem nahtlosen Übergang wie durch ein Wunder wieder auf. Die Steine fügen sich mit Eleganz wieder intakt zusammen, inmitten der Bewegungen der Arbeiter, die sie mit Vorsicht bei ihrem selbstständigen Wiederaufbau zu begleiten scheinen. Das grobkörnige Bild der unaufhaltsam voranschreitenden Zeit hat Risse bekommen. Mithilfe des Kinos können die Zuschauer mit eigenen Augen und realitätsnah Abläufe verfolgen, die so nicht stattfinden können. Im Kinosessel werden sie Zeuge der seltsamen Ereignisse, die sich bei einer Umkehr des Zeitpfeils ereignen. Die Vorstellung, dass ein Geschehen in allen Einzelheiten reproduziert, beliebig oft angeschaut und dabei der Zeitablauf – durch Vorlauf, Rücklauf, Zeitraffer und Zeitlupe – verändert werden kann, verleiht der Frage aus der Antike, ob die Zeit umkehrbar sei, in der breiten Öffentlichkeit neue Aktualität.

Eine Gleichung offenbart eine Welt,
von der niemand etwas ahnte

Die kollektive Faszination, welche die ersten und die nachfolgenden, immer raffinierter gestalteten Filme der aufkommenden Industrie ausübten, ging Hand in Hand mit der wissenschaftlichen Revolution, die sich in den ersten Jahrzenten des 20. Jahrhunderts vollzog.

Am Ende der Zwanzigerjahre war der junge englische Wissenschaftler Paul Adrien Maurice Dirac (1902–1984) noch keine dreißig Jahre alt. Seinen französischen Namen verdankte er seiner Familie, die aus dem französischsprachigen Teil des Schweizer Kantons Wallis nach England eingewandert war. Seine Dissertation, mit der er 1926 am Saint John's College im britischen Cambridge promoviert hatte, trug den schlichten Titel *Quantum Mecanics*. Dirac war offenbar der weltweit erste Student mit dem Mut gewesen, diese damals noch in der Entwicklung begriffene neue Theorie zum Thema seiner Doktorarbeit zu wählen.

Gleich nach der Promotion stürzte sich Dirac Hals über Kopf in den Versuch, die Spezielle Relativitätstheorie und die Quantenmechanik, beide revolutionäre Neuerungen vom Anfang des Jahrhunderts, miteinander auszusöhnen – eine Notwendigkeit, um das Verhalten hochenergetischer subatomarer Teilchen zu beschreiben. Zu seiner großen Überraschung stellte er bald fest, dass die Gleichung, die er für das negativ geladene Elektron hergeleitet hatte, für ähnliche Teilchen wie das Elektron, aber mit entgegengesetzter, positiver Ladung, ebenfalls eine Lösung zuließ. Auf den ersten Blick erschien dies absurd. Die physikalische Bedeutung dieser Lösung, die eine Zeitlang rein als formale Kuriosität erschien, wurde erst einige Jahre später, 1932, erkannt, als Carl David Anderson (1905–1991), ein weiterer junger Wissenschaftler, auf die ersten Positronen stieß. Er entdeckte in kosmischen Strahlen

Kann man den Zeitpfeil umdrehen?

Teilchen, die durch und durch Elektronen glichen, deren Bahn aber durch einen Magneten in die entgegengesetzte Richtung gekrümmt wurde. Daraus musste er schließen, dass sie positiv geladen waren.

Die Entdeckung der Positronen machte allen deutlich, dass sich hinter Diracs Gleichung gut die Hälfte der materiellen Welt verbarg. Dank des menschenscheuen und wortkargen jungen Wissenschaftlers musste die Forschungswelt schlagartig einräumen, dass jedem Teilchen ein anderes mit gleicher Masse und entgegengesetzter Ladung entsprach: die heute sogenannten Antiteilchen. Die so elegante Gleichung offenbarte uns eine bislang völlig unbekannte Welt, von deren Existenz niemand etwas geahnt hatte.

Mit der Entdeckung der Antimaterie stellt sich erneut die Frage nach der Umkehrbarkeit der Zeit in der mikroskopischen Welt der Elementarteilchen. Die Gleichung zeichnet sich durch Symmetrien aus, nach denen es zu einem Materieteilchen, das in der Zeit voranschreitet, ein entsprechendes Antimaterieteilchen gibt, das sich rückwärts durch die Zeit bewegt. Mit anderen Worten, das Auftauchen eines Elektrons an einem bestimmten Punkt des Raumes entspricht dem Verschwinden eines Positrons am selben Punkt. Dank der Existenz von Antimaterie lässt sich Energie dazu nutzen, um aus dem Vakuum Paare aus Teilchen und Antiteilchen zu extrahieren. Und der Prozess ist zeitlich umkehrbar: Wenn man die Teilchen der Paare in Kontakt zueinander bringt, annihilieren sie sich gegenseitig, verschwinden aus dem Kreislauf und lassen nur elektromagnetische Strahlung zurück.

Zwischen ephemeren Existenzen und ewigen Lebensdauern

Die Annahme, dass sich in der Welt der Elementarteilchen der Zeitablauf von Prozessen uneingeschränkt umkehren ließe, hatte lange Bestand. Sie erschien allen als die einfachste, geradezu selbstverständliche Lösung. Zudem war die Hypothese in dem Formalismus, der herangezogen wurde, um die Kollisionen von Elementarteilchen zu untersuchen, sowohl bei deren Betrachtung in der regulär ablaufenden, voranschreitenden Zeit als auch bei der in Zeitumkehr plausibel. So zeigen zum Beispiel zwei miteinander wechselwirkende Teilchen, die aus ihrer Kollision mit leicht voneinander abweichenden Bahnen hervorgehen, auch dann ein mit den Gesetzen der Physik vereinbares Verhalten, wenn man dieses Phänomen im zeitlichen Rücklauf beobachtet. In dem Fall sieht man, wie die beiden Teilchen des Endzustands, die sich in entgegengesetzten Richtungen bewegen, zusammenprallen und aus der Kollision mit umgekehrten Geschwindigkeiten gegenüber denen des Ausgangszustands hervorgehen.

Alles verhielt sich offenbar so, als ließe man den Film der Kollision rückwärts laufen. Die mikroskopische Welt der Elementarteilchen schien wie die Darstellung der Realität mit umgekehrtem Zeitpfeil zu funktionieren, die die Brüder Lumière so populär gemacht hatte.

Wie sich herausstellte, lagen die Dinge in Wahrheit weitaus komplizierter. Als erste aufwendige Experimente zur Zeit- und zur Ladungsumkehr in Zerfallsprozessen in Angriff genommen wurden, zeigten sich Effekte, die der ursprünglichen Hypothese der totalen Symmetrie widersprachen. Auch die Elementarteilchenphysik war nicht zeitumkehrsymmetrisch.

Kann man den Zeitpfeil umdrehen?

Diese seltsame Welt unterschied ebenfalls zwischen Vergangenheit und Zukunft, und es reichte nicht, die Zeit umzukehren, um zu vollkommen symmetrischen Prozessen zu gelangen. Forschungen zur Zeitumkehr in der Welt des verschwindend Kleinen gestalten sich ziemlich kompliziert, weil nach winzigsten Abweichungen, flüchtigen, häufig sehr seltenen Phänomenen gesucht wird.

Zu diesen Forschungen gibt es übrigens eine amüsante Anekdote, deren Wahrheitsgehalt ich nie überprüfen konnte. Sie machte im Labor des Nationalen Instituts für Kernphysik in Frascati bei Rom die Runde und dreht sich um Bruno Touschek (1921–1978), einen genialen Wiener Physiker, der seit den Fünfzigerjahren des vergangenen Jahrhunderts in Italien forschte. Touschek hatte 1960 den Bau von ADA vorgeschlagen, ein Akronym für *Anello di accumulazione* (Speicherring), des ersten Teilchenbeschleunigers, in dem im gleichen magnetischen Kreis Elektronen und Positronen in entgegengesetzten Richtungen beschleunigt und dann zur Kollision gebracht wurden. Die gesamte Energie der Annihilation diente dabei der Erzeugung neuer Teilchen. Die Anlage arbeitete erfolgreich, sodass Touscheks geniale Idee den Weg zum Bau moderner Teilchenbeschleuniger ebnete.

Während seiner Laufbahn, die leider mit seinem verfrühten Tod endete, beschäftigte er sich ausgiebig mit den seltenen Prozessen, die die Symmetrie der Zeitumkehr zu verletzen schienen. In dieser Zeit erlitt er auf dem Weg ins Labor auf einer kurvenreichen Strecke an den Hängen des Monte

Tuscolo kurz vor Frascati einen Unfall und landete in der Notaufnahme des nächstgelegenen Krankenhauses. Dem Protokoll entsprechend, versuchte der Arzt anhand von Fragen und angemessenen Antworten eine Hirnverletzung oder ein psychisches Trauma auszuschließen. Als er sich erkundigte, welcher Arbeit er nachgehe und wofür er sich derzeit interessiere, antwortete Touschek in ernsthaftem Ton: «Ich bin Physiker und beschäftigte mich mit Zeitumkehr.» Mit der Diagnose eines schweren Schädelhirntraumas ordnete der Arzt die sofortige Aufnahme an.

Der heilige Gral der Symmetrie

Dass allein schon das Wort «Zeitumkehr» beim Arzt in Frascati Befürchtungen weckte, darf eigentlich nicht überraschen. In der komplexen materiellen Welt, in der sich unser Alltagsleben abspielt, herrscht zwischen Vergangenheit und Zukunft eine klare Trennung. Wenn uns ein Glas von Tisch herabfällt, sehen wir es sogleich auf dem Boden in Scherben zerspringen. Wenn jemand diese Szene mit dem Smartphone aufgenommen hat und sie uns im Rücklauf zeigt, durchschauen wir diese Täuschung sofort. Wir sehen, wie die Splitter vom Boden aufspringen und sich elegant zusammenfügen, worauf das intakte Glas wieder auf dem Tisch landet. So eine Szene haben wir in der realen Welt noch nie miterlebt.

Aber in der Welt einfachster Objekte wie der Elementarteilchen, die einer Handvoll Wechselwirkungen unterliegen,

Kann man den Zeitpfeil umdrehen?

könnte doch alles symmetrischer und geordneter ablaufen. Und so könnte denn auch die Zeit dem Fluch entrinnen, sich immer nur in eine Richtung bewegen zu müssen. Vielleicht spielen sich Reaktionen und Zerfälle in vollkommener Symmetrie ab. Wir müssen also überprüfen, ob es in der Natur tatsächlich eine starke Symmetrie gibt, die unter allen Umständen gilt.

Das geläufigste Beispiel für Symmetrie ist das Spiegelbild. Von ihrer Existenz können wir uns jeden Morgen überzeugen, wenn wir uns beim Zähneputzen oder Kämmen im Spiegel betrachten. Wir sehen ein vertrautes Bild, in dem wir uns auf Anhieb wiedererkennen. Aber so sehr uns das Individuum vor uns in sämtlichen Einzelheiten auch ähnelt, so ist es doch ziemlich verschieden. Seine rechte Hand entspricht unserer linken und umgekehrt. Sobald wir einen Kamm oder einen Rasierapparat nutzen, sehen wir den Unterschied. Durch einen Streich der Spiegelsymmetrie sind die beiden Subjekte, das reale und sein Abbild, keineswegs identisch, sondern spiegelverkehrt zueinander. Diese Täuschung ist seit frühester Zeit wohlbekannt. Mit ihrer Hilfe konnten zahlreiche Maler noch vor Erfindung des Fotoapparats Selbstporträts anfertigen. Sie posierten vor einem Spiegel und übertrugen ihr Abbild auf die Leinwand. So stellte Caravaggio (1571–1610) in ganz jungen Jahren in einem berühmten Gemälde, das heute in der Galleria Borghese in Rom hängt, sich selbst als der Weingott dar: in *Kranker Bacchus*, wie es modern betitelt wurde. Abgebildet ist ein blasser, kränklich wirkender Jüngling mit einem schmückenden Efeukranz auf

Zwischen ephemeren Existenzen und ewigen Lebensdauern

dem Kopf und einer hellen Weintraube in der Hand. Das Werk lässt sich auf die Zeit um 1593/94 datieren, auf Caravaggios erste Jahre in Rom. Er hatte Arbeit in der Werkstatt Giuseppe Cesaris gefunden, der am Ende des 16. Jahrhunderts in der Papststadt ein hochberühmter Maler war. Wie Kritiker vermuten, soll Caravaggio das Gemälde in einer Zeit angefertigt haben, in der er wegen eines schmerzhaften Pferdetritts das Haus hüten musste. Bei einem Blick auf die Leinwand kann man sich die Szene vorstellen: Weil der Künstler mit der rechten Hand malt, muss er die Traube in der linken halten. Aber die Spiegelsymmetrie kehrt die Verhältnisse um: Bacchus ist in dem kleinen Meisterwerk mit der Traube in der Rechten verewigt.

Zu einer Art Obsession wurde die Symmetrie für Jorge Luis Borges (1899–1986), in dessen fantastischen Erzählungen häufig Spiegelbilder, Labyrinthe und Parallelwelten auftauchen. Eine besonders ausdrucksstarke trägt den Titel *Die Theologen* und erschien 1949 in dem Erzählband *Das Aleph*. In ihrem erbitterten Kampf gegen die Ketzerei tragen zwei Gelehrte der Christenheit, Aurelian und Johannes von Pannonien, bis aufs Messer einen Disput über die Frage der zirkulären Zeit aus. Ihr Streit ereignet sich vor dem Hintergrund zahlreicher gnostischer häretischer Sekten, deren Wirken der große argentinische Schriftsteller fantasievoll ausschmückt.

Die Gnostiker deuten Materie als das Böse. Alles in Zeit und Raum Lebende ist verdorben. Die Welt ist eine infernalische Niederung, die uns zu einem Dasein in Angst und Elend verdammt. Vor diesem Hintergrund entwirft Borges das Bild

Kann man den Zeitpfeil umdrehen?

von der Sekte der *speculares, Kainiten* oder *histriones* («Gaukler»): «Gewisse Gemeinden duldeten den Raub; andere den Mord; wieder andere Sodomie, Blutschande und Vertierung. [... Sie behaupteten], dass die untere Welt der Widerschein der oberen ist. Die Histrionen gründeten ihre Lehre auf eine Perversion dieser Idee. [...] Vielleicht hatten sie die Vorstellung, dass jeder Mensch aus zwei Menschen besteht und dass der eigentliche der andere ist, der im Himmel wohnt. Auch hatten sie die Vorstellung, dass unsere Handlungen einen Umkehrreflex aussenden, sodass, wenn wir schlafen, der andere wacht, wenn wir Unzucht treiben, der andere keusch, wenn wir rauben, der andere freigebig ist. Im Tode werden wir uns mit ihm vereinigen und er sein. [...] Auch sagten sie, kein Übeltäter zu sein, zeuge von satanischem Hochmut.»

Auf die Art stellt der große Spiegel in der von Borges ersonnenen verkehrten Welt der Ketzer nicht etwa das physische Bild, sondern den ethischen Gehalt des Handelns auf den Kopf. Es ist Pflicht eines jeden guten Christenmenschen, schrecklichste Sünden zu begehen. Je mehr Bosheit in der irdischen Welt gesät wird, desto glanzvoller erstrahlt der Ruhm im Himmelreich.

Spiegel und ihre seltsamen Spiele um die Lichtreflexion sind längst in die Welt der Elementarteilchen eingezogen. Eine Transformation ähnlich der, die einen Rechtshänder im Spiegel in einen Linkshänder verwandelt, ist die sogenannte Paritätstransformation, die gewöhnlich mit dem Großbuchstaben P angegeben wird. Für ein Teilchen allgemein muss man sich hier einen ganz besonderen Spiegel vorstellen, der

Zwischen ephemeren Existenzen und ewigen Lebensdauern

dessen sämtliche räumliche Koordinaten (x, y, z) in –x, –y, –z umkehren kann.

In der Anfangseuphorie herrschte der Glaube, dass sämtliche Kräfte ihre Wirkweise unverändert beibehielten, wenn sie von einem gegebenen System auf dessen Spiegelversion übertragen würden. Die Symmetrie sollte durch eine räumliche Umkehr oder Paritätstransformation P erhalten bleiben. Die Vorstellung erschien einleuchtend, dass die physikalischen Abläufe, die in einem realen Experiment beobachtet wurden, ununterscheidbar dieselben sein müssten, wenn man dieses im Spiegel beobachtete. Entsprechend bliebe alles symmetrisch, wenn sich die Teilchen des Systems in Antiteilchen verwandeln würden, also bei einer Ladungskonjugation oder C-Parität.

Und tatsächlich: Bei der starken und bei der elektromagnetischen Kraft, von der die erste zwischen Quarks und die zweite zwischen geladenen Teilchen wirkt, blieben diese Symmetrien erhalten. Aber wie sich bald herausstellte, war dies bei der schwachen Wechselwirkung nicht der Fall. Die schwächste der Grundkräfte der Physik zeigt ein ganz merkwürdiges Verhalten. Sie wirkte unterschiedlich auf Systeme ein, die durch eine einfache Paritätstransformation oder Ladungskonjugation miteinander verbunden waren. Sie reagierte sofort auf die Veränderung und behandelte die Systeme unterschiedlich.

Wie wir seit geraumer Zeit wissen, bricht die schwache Kernkraft die Ladungssymmetrie C und die Symmetrie der Parität P. Gründe sprachen für die Annahme, dass dasselbe

Kann man den Zeitpfeil umdrehen?

auch bei der Zeit geschieht, aber erst neuerdings ließ sich experimentell nachweisen, dass die schwache Kraft auch die Zeittransformation T nicht respektiert. Ersetzt man also t durch $-t$ und lässt die Zeit rückwärtslaufen, bricht die schwache Kraft die Symmetrie und ruft in den Systemen jeweils unterschiedliche Effekte hervor. So wurden Phänomene beobachtet, die je nach dem, in welche Richtung die Zeit läuft, mit unterschiedlichen Wahrscheinlichkeiten eintreten. Um ein gewagtes Bild zu gebrauchen: Die schwache Kraft unterscheidet sehr gut die irdische von der himmlischen Welt und verhält sich in beiden Fällen jeweils unterschiedlich.

Dieses Ergebnis war der eindeutige Nachweis, dass die physikalischen Gesetze auch auf mikroskopischer Ebene nicht umkehrbar sind. Bei einer Zeitumkehr laufen auch in einfachen, von der Quantenmechanik beherrschten Systemen nicht äquivalente physikalische Prozesse ab. Chronos behauptet seine absolute Herrschaft und denkt gar nicht daran, sich aus der Welt der Teilchen verbannen zu lassen. Könnten wir diese Phänomene in einem Film ähnlich dem mit der einstürzenden Mauer der Brüder Lumière sichtbar machen, würden wir den realen Ablauf vom verfälschten im Rücklauf unterscheiden können.

Kurzzeitig herrschte die Überzeugung, dass C und P vielleicht in Kombination miteinander eine unverletzliche Symmetrie bilden könnten, selbst wenn beide Transformationen als einzelne verletzt würden. Werden die räumlichen Koordinaten umgekehrt und gleichzeitig die Teilchen durch Antiteilchen ersetzt, haben wir eine CP-Transformation vorgenommen. Wie sehr bald gezeigt wurde, stimmte auch dies nicht, weil die schwache Wechselwirkung keine Abstriche macht und auch die kombinierte CP-Symmetrie verletzt. Und hier kommt das eigentlich Neue ins Spiel. Wird neben der Ladung und der Parität auch noch die Zeit umgekehrt, liegt wieder eine perfekte Symmetrie vor.

Die Gesetze der Physik unterscheiden nur bei einer CPT-Transformation nicht zwischen Vergangenheit und Zukunft: wenn also gleichzeitig Teilchen und Antiteilchen gegeneinander ausgetauscht, die räumlichen Koordinaten gespiegelt und der Zeitablauf sowie die Bewegung sämtlicher Teilchen umgekehrt werden. Offenbar verstößt kein physikalischer Prozess gegen diese Gesamtkombination aus Transformationen.

Die CPT-Symmetrie erscheint gleichsam als der Heilige Gral, nach dem die Physiker in aller Welt lange Zeit suchten. Die Triade der Transformationen bildet eine kompakte und höchst solide Gruppe, die anscheinend kein Prozess zerreiben kann. Die durch CPT geschützte Symmetrie wird von allen grundlegenden Wechselwirkungen ohne jede Ausnahme respektiert. Sie bildet ein weiteres Indiz dafür, dass Zeit und Raum durch etwas ganz Grundlegendes miteinander verbunden sind, und bringt beide zu Materie und Antimaterie in Beziehung. Und diese Verbindung wirkt auf grundlegender Ebene und weist der Zeit auch in der Welt der winzigsten Abstände eine äußerst bedeutsame Rolle zu.

Kann man den Zeitpfeil umdrehen?

*Das Geheimnis eines Gedichts
oder eines guten Weines*

Unser Alltagsleben spielt sich in einem Umfeld ab, das durch makroskopische Systeme gekennzeichnet ist, also solche, die aus sehr zahlreichen elementaren Komponenten bestehen. Entgegen dem Anschein ist auch Sars-CoV-2, das so viel Leiden verursachende winzige Virus, ein makroskopischer Körper. Es ist ein RNA-Strang, der von einer Proteinhülle umgeben und geschützt ist und mehr als zweihundert Millionen Atome enthält, von denen jedes aus Quarks, Gluonen und Elektronen besteht. Und dabei sind diese Systeme so winzig, dass sie für das bloße Auge nicht wahrnehmbar sind. Alles, was für uns sichtbar ist, zum Beispiel ein winziges, in der Sonne glänzendes Sandkorn, besteht gut und gerne aus mehr als einer Million Milliarden Atomen.

Die Entwicklung jedes einzelnen der unzähligen Bestandteile dieser Systeme folgt den Gesetzen der Physik. Müssten wir von ihnen allen zu jedem Zeitpunkt die Position, Geschwindigkeit und Wechselwirkungen kennen, um das Verhalten des betreffenden Objekts vorherzusagen, würde unser Leben unmöglich.

Zum Glück wird die Bewegung und Entwicklung komplexer Körper von Gesetzen – denen der klassischen Physik, Chemie, Biologie usw. – bestimmt, die so präzise funktionieren, dass wir unser Alltagsleben ziemlich gut organisieren können. Wir brauchen keine allzu anspruchsvollen Instrumente, um an den Arbeitsplatz zu gelangen, uns richtig zu ernähren und uns mit Freunden oder Familienmitgliedern auszutauschen. Wir können prächtig leben, wenn wir alles ignorieren, was sich in der Welt des schier unendlich Kleinen abspielt und sich hinter der scheinbaren Stabilität und Beständigkeit der materiellen Dinge verbirgt, die wir tagtäglich nutzen.

Dennoch entspringen dieser mikroskopischen Welt, die auf unsere Existenzen scheinbar keinerlei Einfluss hat, allgemeine Prinzipien, welche die Entwicklung und Dynamik der makroskopischen materiellen Körper bestimmen. Wären sie uns unbekannt, könnten wir uns eine riesige Menge an Naturphänomenen, die wir aus der Alltagserfahrung kennen, überhaupt nicht erklären. Manche wie das Altern und der Tod berühren uns so tiefgreifend, dass sie unser aller Leben sowie unsere Sicht der Welt prägen. Eines dieser Prinzipien ist die Zunahme der Entropie, ein Phänomen, das auf entscheidende Weise die gewöhnliche Vorstellung von der Unumkehrbarkeit der Zeit mitbestimmt.

Wollten wir die Dynamik des gesamten Universums in einem einzigen Satz zusammenfassen, könnten wir sagen, dass es sich um ein geschlossenes System handelt, dessen einzelne Komponenten sich so weiterentwickeln und untereinander wechselwirken, dass die Gesamtenergie des Systems gleichbleibt. Aber dabei nimmt die Gesamtentropie unablässig zu.

Energie ist ein ziemlich vertrauter Begriff, weil er in zahlreichen Zusammenhängen verwendet wird. Dass sich Energie

Kann man den Zeitpfeil umdrehen?

nicht aus dem Nichts heraus erzeugen lässt, ist ein allgemein bekannter Grundsatz. Entropie ist dagegen etwas weitaus Mysteriöseres: Außerhalb von Wissenschaftskreisen wird kaum verstanden, für was sie steht und vor allem, warum sie immer wachsen muss. Entropie wird häufig mit Ordnung und Unordnung erklärt, aber diese Darstellung führt leicht in die Irre, sosehr sie uns das Grundkonzept auch nahebringen kann.

Für ein richtiges Verständnis der Entropie müssen wir uns erneut in die Welt des Allerkleinsten hineinbegeben, in die der elementaren Bausteine der Materie. Die Entropie bringt in gewisser Hinsicht am augenfälligsten zum Vorschein, wie grundlegend die mikroskopische Welt der Atome und Elementarteilchen die Geschicke der makroskopischen Welt bestimmt, einschließlich der von uns Menschen.

Der Ausgangspunkt ist die Feststellung, dass diese Welt allein vom Zufall und den Gesetzen der Physik beherrscht wird, und gerade diese fabelhafte Paarung ermöglicht es, die vollkommenste aller Demokratien zu errichten.

Angenommen, wir hätten gemeinsam mit Freunden bei uns zu Hause soeben unser Abendessen beendet. Während die Unterhaltung lebhaft weiter voranschreitet, stehen auf dem Tisch schon die Tässchen für den Espresso bereit, der in der Küche in Vorbereitung ist. Die einzelnen Bestandteile dieses so häufig genutzten Gegenstands müssen in allen ihren Zuständen den Gesetzen der Physik gehorchen. Jedes seiner zahllosen Atome ist von anderen umgeben und mit ihnen verbunden. Es unterliegt der Schwerkraft der Erde und wechselwirkt mit den Atomen des Tischs, auf den es mit seinem Gewicht Druck ausübt. Alle Atome schwingen mechanisch, sind in ziemlich komplizierte elektromagnetische Felder eingebunden und bestehen in ihrem Kern aus Protonen und Neutronen, die untereinander von einem Rest der starken Kraft zusammengehalten werden. Und diese enthalten ihrerseits Quarks und Gluonen, die hochkomplexen Dynamiken unterliegen.

Zum Glück ist die Natur streng hierarchisch strukturiert: Die Quarks sind für ein Verständnis des dreidimensionalen Aufbaus von Proteinen bedeutungslos, und Gedanken über Atome würden uns nur ablenken, wenn wir einschätzen, wie schnell wir eine Straße überqueren müssen, um nicht überfahren zu werden. Kurzum, wir können über die materiellen Körper in unserer Umgebung auch viele Informationen gewinnen, ohne die zahlreichen Einzelheiten zu ihrem inneren Zustand zu kennen. Und bei all jenen Aktivitäten, bei denen die Rolle der Atome berücksichtigt werden muss, genügen meistens grobe Annäherungen wie die von Richard Feynman, dem Vater der Quantenelektrodynamik, beschriebenen: Demnach sind «alle Dinge aus Atomen aufgebaut [...] aus kleinen Teilchen, die in permanenter Bewegung sind, einander anziehen, wenn sie ein klein wenig voneinander entfernt sind, sich aber gegenseitig abstoßen, wenn sie aneinandergepresst werden».

Auf jeden Fall sehen es alle Gäste als eine Selbstverständlichkeit an, dass unsere Espressotasse eine stabile und stationäre Struktur darstellt, die solide und reglos auf dem Tisch

Kann man den Zeitpfeil umdrehen?

steht, auch wenn sie sich aus zahllosen Atomen zusammensetzt, in denen es vor vielfältigen Aktivitäten nur so wimmelt, während sie unendlich viele unterschiedliche mikroskopische Zustände durchlaufen. Und genau das ist der springende Punkt. Dem einen makroskopischen Zustand – unserer reglos auf dem Tisch stehenden Tasse, die sich in einem thermischen Gleichgewicht mit ihrer Umgebung befindet – entspricht eine sehr hohe Anzahl unterschiedlicher Zustände. Wenn man nur eines ihrer Atome ein winziges Stück verschiebt, es durch ein anderes ersetzt oder seine kinetische Schwingungsenergie etwas erhöht, liegt auf mikroskopischer Ebene ein anderer Zustand vor. Aber keiner der Freunde, mit denen wir uns unterhalten, würde dies bemerken.

Stellt man sich in einem Gedankenspiel vor, wie viele Kombinationen sich aus der eindrucksvollen Anzahl an Atomen der Tasse herstellen lassen, wird deutlich, dass es sich hier um eine gigantische Menge an verschiedenen Zuständen handelt. Und jetzt kommt der Zufall ins Spiel, und zwar mit dem Postulat der gleichen A-priori-Wahrscheinlichkeit. In einem gegebenen isolierten und im Gleichgewicht befindlichen System manifestiert sich jeder seiner zahllosen mikroskopischen Zustände mit der gleichen Wahrscheinlichkeit. Dies ist das weiter oben erwähnte «demokratische» Regime. Das System verbringt in jedem seiner zulässigen Zustände gleich viel Zeit. Solange sie nur nach den Gesetzen der Physik zulässig sind, kommen auch die unwahrscheinlichsten, die wirklich exotischen, früher oder später zufällig zum Zug und feiern ihre Sternstunde: kein Privileg, gleiche Chancen

Zwischen ephemeren Existenzen und ewigen Lebensdauern

für alle. In der mikroskopischen Welt herrschen abwechselnd alle, auch wenn die Herrschaft eines jeden nur einen Augenblick lang währt.

Die Größe, die die Anzahl der Mikrozustände angibt, die einem bestimmten Makrozustand entspricht, ist die sogenannte Entropie eines Zustands. Zustände niedriger Entropie sind jene, die von einer geringen Anzahl an Kombinationen gleichwertiger Mikrozustände bestimmt sind. Hohe Entropie bedeutet, dass zahllose Mikrozustände auf makroskopischer Ebene nicht voneinander zu unterscheiden sind.

Verdeutlichen lässt sich dies mit einem Vergleich mit Giacomo Leopardis berühmtem Gedicht *L'infinito (Die Unendlichkeit)*. Da der Urtext aus einhundertvier Wörtern besteht, ist es keine allzu komplizierte Aufgabe, einen Computer so zu programmieren, dass er diese auf alle möglichen Arten durcheinandermischt und uns ihre verschiedenen Kombinationen aufzeigt. In der überwiegenden Mehrheit kommen dabei völlig sinnlose Wortfolgen heraus. Und in den ganz seltenen Fällen, in denen das Ganze dann doch irgendeinen Sinn ergibt, dürfte dieser banal oder sogar widersprüchlich klingen. Der poetische Glanz Leopardis, die absolute und unübertroffene Vollkommenheit seiner Dichtung, taucht innerhalb einer gigantischen Anzahl von Möglichkeiten nur ein einziges Mal auf. Von sämtlichen möglichen Zusammenstellungen, die sich aus den einhundertvier Wörtern von *L'infinito* bilden lassen, ist diese ganz besondere, die das Gedicht ergibt, schlichtweg einzigartig.

Ganz Ähnliches geschieht, wenn man ein musikalisches

Kann man den Zeitpfeil umdrehen?

Meisterwerk wie Johann Sebastian Bachs *Matthäus-Passion* aufführt oder wenn man den Geschmack und die unübertrefflichen Aromen eines Spitzenweins wie eines Sassicaia oder Château Latour verkostet. Schon eine kleine Unsicherheit des Chors oder ein Regentag in der falschen Woche können das magische Gleichgewicht, in dem jedes kleinste Detail seinen Platz hat, unumkehrbar aus der Balance bringen.

*Entropie und Unumkehrbarkeit
der Zeit*

Kehren wir zu unserem Abendessen zurück: Der Espresso ist fertig und wird in die Tässchen eingeschenkt. Kenner sagen, man müsse ihn sofort genießen, weil er beim Auskühlen sein Aroma verliere. Die Bars von Neapel, die für den besten Kaffee der Welt berühmt sind, servieren das Getränk deswegen in vorgewärmten Tassen. Aber wir haben uns von der angenehmen Unterhaltung etwas zu lange ablenken lassen: Als wir am Espresso nippen, ist er schon zu stark abgekühlt, während sich die Tasse erwärmt hat. Eine spontane Transformation hat stattgefunden. Die Entropie ermöglicht uns ein Verständnis, warum dem so ist.

Ein neues Gleichgewicht hat sich eingestellt – Tässchen und Espresso haben die gleiche Temperatur erreicht –, womit die Entropie gegenüber dem Ausgangszustand größer geworden ist. Anfänglich hatte sich das System – dampfend heißer Espresso mit Molekülen in starker thermischer Bewegung und eine Tasse in Raumtemperatur mit weniger Energie – in einem Zustand niedrigerer Entropie befunden.

Wenn in diesem Zustand des Systems, in dem beide Komponenten in Kontakt zueinander standen, ein Molekül des Espressos gegen eines der Tasse stieß, gab es bei diesem Stoß Energie ab: Der Espresso wurde kälter und die Tasse wärmer. Bleibt die Energie nicht in einem Teil des Systems konzentriert, sondern verteilt sich auf das gesamte Volumen, vervielfältigen sich die Mikrozustände gewaltig, denen der gleiche Makrozustand entspricht. Wir wurden Zeuge einer unumkehrbaren Transformation.

Theoretisch könnten sich alle Moleküle der Tasse darauf verständigen, dem Kaffee sämtliche thermische Energie, die sie von ihm erhalten haben, schlagartig wieder zurückzugeben, aber diese makroskopische Konfiguration ist nun hochgradig speziell und damit höchst unwahrscheinlich geworden. In der Lotterie der zahllosen Möglichkeiten zieht man das Glückslos nur ganz selten. Es könnte auch passieren – aber nur mit geringster Wahrscheinlichkeit –, dass wir nach Milliarden Jahren immer noch eine Niete ziehen.

Wenn man in ein Fass Brunello di Montalcino ein Glas einer übelriechenden Flüssigkeit hineingießt, wird man aufgrund desselben Prinzips feststellen, dass der gesamte kostbare Wein für immer verdorben ist. Und auch der umgekehrte Versuch, bei dem man ein Glas Brunello di Montalcino in ein Fass mit einer übelriechenden Flüssigkeit hineingibt, würde auch nur zu einem scheußlichen Gebräu führen. Zustände niedriger Entropie werden stets von solchen einer

Kann man den Zeitpfeil umdrehen?

höheren verdrängt, wenn der Transformation keine Hindernisse entgegenstehen. Dieser Mechanismus bestimmt die Richtung, in der wir die Ereignisse verlaufen sehen. Die wachsende Entropie erklärt, warum reversible mikroskopische Dynamiken irreversible makroskopische Dynamiken hervorrufen. Die allgemeine Vorstellung vom Vergehen der Zeit und die einhergehende Idee, dass es eine privilegierte Richtung, einen immer in die gleiche Richtung deutenden Zeitpfeil gibt, entspringen diesem Erfahrungsschatz. Die Entwicklung des Universums ist eine Folge der Unumkehrbarkeit spontaner Prozesse. Unser Kosmos ist ein abgeschlossenes System, das unausweichlich Zustände maximaler Entropie anstrebt. Dieser natürliche zeitliche Ablauf der Phänomene hängt nicht mit einer Asymmetrie der physikalischen Grundgesetze zusammen. Die Umkehrbarkeit auf grundlegender Ebene unterliegt gegenüber der Komplexität der Makrosysteme.

Zu unserem Glück können dessen ungeachtet lokal Phänomene auftreten, welche die Entropie eines bestimmten Systems verringern. Dies allerdings nur unter zwei Voraussetzungen: wenn Energie aufgewendet und die Verringerung der Entropie auf lokaler Ebene durch die Zunahme der Entropie in der übrigen Welt ausgeglichen wird. Das banalste Beispiel ist der Kühlschrank: Er entzieht unseren Lebensmitteln Wärme und verringert so ihre Entropie, verbraucht dabei aber Energie und erwärmt die Küche.

Ein interessanteres Beispiel für diese Ausnahmen sind lebende Organismen, die sich aus hochkomplexen chemischen

Zwischen ephemeren Existenzen und ewigen Lebensdauern

Strukturen zusammensetzen. Ein Samenkorn, das in feuchte Erde gedrückt und von der Sonne erwärmt wird, keimt aus und bringt eine Pflanze hervor, die weitere Samen trägt. Atome, die der Erde entzogen wurden, haben sich zu organischen Molekülen, einer Struktur mit geringerer Entropie, organisiert, dies aber in einem Prozess, der Energie verbraucht und die Entropie des Feldes dadurch erhöht hat, dass anorganische Moleküle im Boden zerlegt wurden, um den Keimling zu ernähren und wachsen zu lassen. Am Prozess des Entropiezuwachses beteiligt waren auch die Sonne als die Energielieferantin oder der Regen, der notwendige Feuchtigkeit beigesteuert hat. Alle lebenden Organismen verbrauchen unablässig Energie und erhöhen dadurch die Entropie in ihrer Umwelt.

Die gleichen Mechanismen, die Leben ermöglichen, besiegeln auch dessen Schicksal, weil sie Verschleiß, Alterung und Tod verheißen. Dazu hat sich jemand ein Bonmot einfallen lassen: Das Leben sei ein gegen den Strom schwimmender Lachs.

Während die elementaren Bestandteile in unserer Welt ihre turbulente Existenz unentwegt fortsetzen, verschleißen alle makroskopischen Objekte, nutzen sich ab und verlieren Teile. Während Berge und Felsen nur schleichend der Erosion unterworfen sind, läuft dieser Abnutzungsprozess bei Lebensformen wie Pflanzen und Tieren deutlich rasanter ab. Und wieder beherrscht der Entropiezuwachs das Geschehen.

Stürzt an einem Berg in den Dolomiten eine Felswand zu Tal und zersplittert in Tausende Bruchstücke, so deshalb, weil

Kann man den Zeitpfeil umdrehen?

die dieser Situation entsprechenden mikroskopischen Zustände deutlich zahlreicher sind als jene, in denen die einzelnen Bestandteile zur ganzen Wand zusammengesetzt waren.

In lebenden Organismen ist der Ablauf solcher Prozesse unvermeidlich. Organisches Material ist organisierte Materie in einer komplexen, energieaufwendigen und sehr empfindlichen Form. Um die lebenserhaltenden Zyklen aufrechtzuerhalten, bedarf es ständiger Erneuerung und Reparatur. Aber auch wenn diese Mechanismen eine Zeitlang funktionstüchtig bleiben, obsiegt früher oder später der Entropiezuwachs. Die langlebigsten Tiere bringen es höchstens auf einige hundert, besondere Pflanzen gar auf mehrere tausend Jahre – aber irgendwann kommt für alle der Augenblick, in der ihre komplexen organischen Strukturen, die nach immer stärkeren Schädigungen nur noch verblasste Kopien der ursprünglichen sind, unrettbar der Oxidation anheimfallen. Mit Sauerstoff entstehen einfachere, fast elementare und vor allem weitaus stabilere Verbindungen, die – entsprechend einer weitaus höheren Entropie – für ihren Erhalt keinerlei Energie mehr benötigen. Dieses jähe Hereinbrechen von Oxidationsprozessen hat in unserer Kultur – einer von anthropomorphen Primaten – einen besonderen Namen: Tod.

Damit sind wir beim Inbegriff des unumkehrbaren Prozesses angelangt: Und eben unsere Alltagserfahrung prägt in Verbindung mit dem Wissen um das Altern und die Endlichkeit des Lebens diese *starke* Konzeption der Zeit, die unsere Weltsicht beherrscht.

10

Der Traum, Chronos zu töten

Angesichts des unaufhaltsamen Wachstums der Entropie müssen wir einsehen, dass der Zeitpfeil immer nur in eine Richtung zeigt: Orpheus kann nicht ungeschehen machen, dass er sich nach Eurydike umgewandt und sie verloren hat, wie auch Othello keine Chance bekommt, seine tragischen Fehler zu korrigieren.

Dennoch könnte man ohne eine Verletzung der physikalischen Gesetze ein System wieder in den geordneten Zustand bringen, in dem es sich vormals befand. Aber dies wäre nur ein Ersatz für ein Zurückdrehen der Zeit, weil sie sich trotzdem weiter voran bewegen würde. Würde man den Zustand sämtlicher Komponenten des Systems im vorangegangenen Augenblick kennen, könnte man es in exakt denselben Verhältnissen wiederherstellen. Das wäre zwar keine Rückkehr in die Vergangenheit, aber eine Art absolut getreue historische Rekonstruktion eines vergangenen Zustands.

Der Traum, Chronos zu töten

Dieses Experiment wurde mit ganz einfachen Quantensystemen in Angriff genommen, indem dessen spontane Entwicklung mithilfe eingebrachter Energie wieder zurückgedreht wurde. Anstatt von einer Zeitumkehr ist hier von einer Zeitspiegelung die Rede, bei der das System durch einen äußeren Eingriff in seinen Urzustand zurückkehrt. Aber sogar diese Operation funktioniert lediglich bei Systemen, die nur aus einer Handvoll elementarer Bestandteile bestehen.

Komplexe Systeme oder makroskopische Körper entgehen unter keinen Umständen ihrem unausweichlichen Schicksal. Dass die Zeit ganz offensichtlich eine privilegierte Richtung hat, bestätigt sich in allzu vielen Bereichen, als dass wir uns darüber Illusionen machen dürften. Unser Zeitsinn, der so klar zwischen Vergangenheit und Zukunft unterscheidet, verweist uns auf einen Pfeil, der in die gleiche Richtung wie der Verlauf thermodynamischer Prozesse deutet. Und dieser wird von der Zunahme der Entropie und der kosmologischen Entwicklung des Universums beherrscht, das ein präzises Geburtsdatum hat und sich mit der Zeit immer weiter ausdehnt. Dem entkommen wir nicht.

Die uralte Sehnsucht, die Zeit anzuhalten

Wenn es schon unmöglich ist, die Zeit rückwärts laufen zu lassen, bleibt uns nur noch die Hoffnung, sie anhalten zu können. Aber auch ein Leben in einer erstarrten Zeit, wie es

Zwischen ephemeren Existenzen und ewigen Lebensdauern

für masselose Teilchen wie Photonen oder für alles im Inneren der Singularität eines Schwarzen Loches natürlich ist, bleibt den Menschen absolut versagt. Die Naturgesetze sind in dieser Hinsicht eindeutig, aber natürlich hindert uns nichts daran, uns ein Eingreifen übernatürlicher Mächte vorzustellen.

Der Traum, den Ablauf der Zeit zum Stillstand zu bringen, faszinierte die Menschen seit der Antike, wobei diese privilegierte Fähigkeit von jeher den Göttern vorbehalten war. Nur wer in der Ewigkeit schwebt, kann die Zeit beherrschen. Während in der Welt der Sklaven des Chronos – mit der unabwendbaren Aufeinanderfolge von Geburt, Leben und Tod – das Werden regiert, herrscht in der Ewigkeit immerwährender Stillstand mit einem Sein, das zwar ist, sich aber nicht verändert. Die Ewigkeit ist die Negation der Zeit, weswegen sie den Verdacht aufkommen lässt, dass diese nur eine Täuschung, ein Traum ist, aus dem man jeden Augenblick erwachen kann. Der Ablauf der Zeit wird um seine Bedeutung gebracht, zur reinen Vorstellung degradiert, aus der man jeden Augenblick herausgerissen werden kann.

Um die Zeit anzuhalten, kann man sich wie Josua in der biblischen Erzählung an Jahwe wenden, den Gott hinter dem Tetragramm. Von den fünf übelgesinnten Kanaaniter-Königen überfallen, schicken die Gibeoniter Josua einen Boten, um Hilfe zu erbitten. Josua und seine Truppen sind die Nacht hindurchmarschiert, stoßen plötzlich auf den Feind und bringen ihm eine Niederlage bei. Als der Sonnenuntergang naht, machen sich die verbliebenen feindlichen Soldaten davon und drohen im Schutz der Dunkelheit zu entkommen. Da ruft Josua den Gott mit dem unaussprechbaren Namen an, damit er Rache üben kann, worauf die Zeit tatsächlich stehenbleibt. Und während die Sonne nicht tiefer sinkt und auch der Mond am Himmel stillsteht, metzeln Israels Söhne wie eine göttliche Strafe die Feinde nieder.

Jahrtausende später wiederholt sich die Szene, wieder vor dem Hintergrund eines Dramas. Ein junger Jude bittet Gott, die Zeit zum Stillstand zu bringen, aber diesmal in edlerer Absicht. Dieser Held ist Jaromir Hladik, ein Stückeschreiber, der auf seine Erschießung wartet, in der Erzählung *Das Geheime Wunder* in Jorge Luis Borges' Band *Fiktionen*, der in der Originalausgabe 1943 erschien.

Hladik ist in der Nacht des 19. März 1939 in Prag von der Gestapo verhaftet und zum Tode verurteilt worden. Dass er Jude ist und einen Aufruf gegen den erzwungenen Anschluss Österreichs ans Deutsche Reich unterzeichnet hat, ist Grund genug, ihn an die Wand zu stellen. Als Zeitpunkt der Hinrichtung ist der 29. März um neun Uhr morgens festgelegt.

Hladik ist auch Autor bedeutender Abhandlungen über die Zeit wie einer *Rechtfertigung der Ewigkeit*, ein fiktives Werk, mit dessen Titel Borges auf zwei eigene Bücher anspielt: *Geschichte der Ewigkeit* und *Eine Rechtfertigung der Kabbala*. Im ersten Band hat Hladik sämtliche Formen von Ewigkeit aufmarschieren lassen, die sich die Menschheit ausgedacht hat, von Parmenides' «unbeweglichem Sein» bis zur «veränderlichen Vergangenheit» Charles Howard Hintons, eines britischen Mathematikers vom Ende des 19. Jahrhun-

Zwischen ephemeren Existenzen und ewigen Lebensdauern

derts, Autor von Science-Fiction, in der er eine vierte Dimension behandelt. Im zweiten Band hat er geleugnet, «dass alle Vorfälle des Universums eine zeitliche Reihenfolge bilden».

Während des bangen Wartens auf den bevorstehenden Tod treibt Hladik vor allem die quälende Sorge um, dass er seine letzte Tragödie, *Die Feinde*, nicht mehr vollenden kann. Als wichtigstes seiner Werke soll es unter den Menschen ein Zeichen setzen. Der obsessive Wunsch, es doch noch zu Ende zu bringen, beherrscht alle seine Gedanken, aber die wenigen Tage bis zur Erschießung reichen für die Fertigstellung nicht aus.

Und so bleibt Hladik in seiner letzten Nacht, der schrecklichsten, nur noch das Gebet: Er ruft Gott an, er möge die Zeit anhalten und ihm ein weiteres Jahr schenken, um seine Arbeit abzuschließen. Er durchlebt furchtbare Stunden, hat Alpträume und schreckt gequält immer wieder aus dem Schlaf auf. Er tritt gegen die Zeit – oder deren Illusion – in einen persönlichen Kampf ein, inmitten eines Getöses unerbittlich weitertickender Uhren.

Als Hladik im Morgengrauen schließlich vor das Erschießungskommando geführt wird, hat er jede Hoffnung verloren. Schon stehen die Soldaten im Hof bereit, mit den Gewehren im Anschlag, und der Feldwebel erteilt den Befehl. Doch dann geschieht das geheime Wunder, das der Erzählung ihren Titel gibt.

Die ganze Welt erstarrt. Hladik kann sich nicht rühren, wird aber auch von keinem Projektil getroffen. Der Arm des Feldwebels bleibt auf halber Höhe in der Luft stehen. Ein

Der Traum, Chronos zu töten

dicker Regentropfen, der ihm über die Wange rinnt, stellt ihren Lauf ein. Der Wind hält inne, und eine brummende Biene nahe der Wand im Hof erstarrt im Schwebezustand, mit ihrem reglosen Schatten auf einem Ziegelstein. Als Hladik aus seiner Verwirrung erwacht, begreift er, dass sein Gebet erhört wurde. Er bekommt ein Jahr Zeit, um sein Werk zu vollenden, auch wenn er dies im Kopf ausführen und die fehlenden Verszeilen in Gedanken ausformulieren, ergänzen und überarbeiten muss, weil er sich wie alle um ihn herum nicht mehr rühren kann.

Nach einem unsäglichen Jahr ist das Werk komplett. Er hat alles bis ins Kleinste durchgearbeitet und ist mit allem zufrieden. Noch fehlt ein letztes Adjektiv. Und er findet es. Der Regentropfen rinnt weiter die Wange herab, die Biene fliegt davon, und Hladiks Körper zuckt beim Einschlag der vier Gewehrkugeln der Salve. Er stirbt am 29. März 1939 um 9.02 Uhr.

In unserer heutigen Welt, in der das Schöne und Heilige an Bedeutung verloren hat und materieller Besitz und äußerer Schein alle Energien frisst, ist die literarische Fantasie, die Zeit anzuhalten, um ein literarisches Werk zu vollenden, nicht allzu populär. Im Gegenteil, diese uralte Sehnsucht nimmt Formen eines narzisstischen Wahns an – als eine persönliche Schlacht, geradezu ein Nahkampf gegen das Vergehen der Zeit, aus Motiven, die weniger erhaben sind als die von Borges ersonnenen.

Menschen achteten schon immer sehr sorgsam auf das eigene Erscheinungsbild. Sie pflegen ihr Äußeres im Bewusst-

Zwischen ephemeren Existenzen und ewigen Lebensdauern

sein, dass die Sprache des Körpers in jeder Gemeinschaft grundlegend ist, um Beziehungen anzuknüpfen oder Hierarchien festzulegen. Accessoires und Outfits, Tätowierungen und Makeups, Kleider und Farben sind wirksame Mittel der Kommunikation: Sie strahlen Selbstbehauptung oder Ergebenheit aus, nötigen Respekt ab oder sollen verführen.

Den eigenen Körper zu pflegen und Schönheitsfehler und Spuren des Alters zu überschminken sind als Praktiken seit Jahrtausenden dokumentiert. Verzierungen, Schmuck und Pigmente tauchten in zahlreichen prähistorischen Grabstätten auf. Allseits bekannt sind die unzähligen Zeugnisse für Körperpflege und Kosmetik der altägyptischen Eliten und der griechisch-römischen Zivilisation. Auch wenn das Alter Achtung genoss, weil es mit Weisheit gleichgesetzt wurde, gaben die meisten Mächtigen der Versuchung nach, sich ein jugendliches, tatkräftiges und Stärke ausstrahlendes Erscheinungsbild zuzulegen.

Mit Schminke und anderen Kunstgriffen dem Vormarsch der Zeit entgegenzuwirken, wird zwar seit Urzeiten praktiziert, ist in unserer Kultur aber zu einer Besessenheit geworden. Sie lässt eine ganze Industrie boomen – nicht nur Kliniken und Pharmakonzerne, die Gesundheit produzieren, sondern eine Träume-Erfüllungsfabrik, die ewige Jugend verheißt. Sie zieht ihre Profite aus der Illusion, dass Privilegierte die Zeit für sich anhalten können, während die anderen der Herrschaft des Chronos ausgeliefert bleiben.

Am Traum von der ewigen Jugend berauschen sich nicht mehr nur Milliardäre oder Filmstars. Dieser Wahn hat in-

Der Traum, Chronos zu töten

zwischen weite Teile der Gesellschaft erreicht. Kein Opfer ist zu groß, um dem welken Gesicht und Körper vermeintlich ewige Frische zu geben und alle Spuren auszulöschen, die an unser unausweichliches Schicksal gemahnen. Im Gegensatz zu Rembrandts Selbstporträts soll der Spiegel mit dem Vergehen der Jahre ein immer jüngeres und frischeres Bild zeigen, im trügerischen Glauben, der in Zeitlupe ablaufende Film des Alterns ließe sich immer wieder zurückspulen.

Und so begegnen uns mitunter Menschen, die ihre Falten und Schönheitsfehler mit Mitteln zu übertünchen versuchen, die schlichtweg erschreckend wirken. Im Glauben, den Traum des Dorian Gray zu verwirklichen, erkennen sie nicht, dass sie ein Gesicht mit Zügen zur Schau tragen, die noch entstellter und grotesker anmuten als die auf dem Porträt, das sie auf dem Dachboden vor den Blicken zu verstecken versuchten.

Der törichte Versuch, Chronos zu überlisten, macht uns oftmals blind.

Die Mörder der Zeit

Die mächtige, in unserer Geschichte schon mehrmals aufgetauchte Vorstellung, die Zeit außer Kraft setzen zu können, meldet sich als Faszination und Verlockung immer wieder zurück. Der uralte Traum, Chronos ein für alle Mal zu beseitigen, zeigt sich aktuell im Gewand neuer Theorien und moderner wissenschaftlicher Hypothesen. Und wenn die Zeit nur eine Illusion wäre? Vielleicht hat sich die Menschheit ja

Zwischen ephemeren Existenzen und ewigen Lebensdauern

über Jahrtausende mit reinem Schein, einer Vorstellung befasst, die in Wahrheit absolut inhaltslos ist.

Seit dem Beginn des 20. Jahrhunderts, als die Allgemeine Relativitätstheorie und die Quantenmechanik die Paradigmen der Physik erschütterten, haben sich Generationen von Wissenschaftlern an die Arbeit gemacht, um diese beiden Theorien unter einen Hut zu bringen. Der Versuch, eine Quantenbeschreibung der Gravitation zu erstellen, zog sich über das ganze vergangene Jahrhundert hin, weil er sich als komplizierter als gedacht erwies. Die schier übermenschlichen Anstrengungen, die bekannteste der vier Grundkräfte der Physik zu quantisieren, laufen weiter und beschäftigen Hunderte Forscher, die zu den klügsten Köpfen der Welt zählen. Seit einigen Jahrzehnten führten diese Forschungsarbeiten auch dazu, den Zeitbegriff insgesamt infrage zu stellen.

Alles begann mit der Arbeit der beiden US-Physiker John Archibald Wheeler (1911–2008) und Bryce DeWitt (1923–2004) und einer überlangen Wartezeit auf dem Flughafen. John war seit den Dreißigerjahren Professor an der Princeton University, an der auch Einstein gelehrt und geforscht hatte. In der Kriegszeit hatte er sich in Los Alamos am Manhattan-Projekt beteiligt und sich dann Edward Teller (1908–2003) beim Bau der ersten Wasserstoffbombe angeschlossen. An die Universität zurückgekehrt, machte er sich an das riskanteste und schwierigste Projekt: die Relativitätstheorie mit der Quantenphysik zusammenzubringen. Dabei arbeitete er mit Bryce DeWitt, einem weiteren brillanten theoretischen Physiker, zusammen. DeWitt, ein Dutzend Jahre jünger und ein enger Freund, lebte in North Carolina. Mitte der Sechzigerjahre hatte Wheeler auf einer seiner zahlreichen Reisen am Flughafen Raleigh-Durham eine Zwischenlandung. Da sein Anschlussflug nach Philadelphia erst in einigen Stunden ging, rief er Bryce an, der in der Nähe wohnte, und fragte ihn, ob er zu ihm kommen wolle, um über den Stand ihrer Forschungen zu diskutieren. Bryce sagte begeistert zu und eilte zum Flughafen mit Notizen zu einer Formel, an der er in den letzten Tagen gearbeitet hatte. In dieser kurzen Zeit legten die beiden den Grundstein zur «Gleichung, die die Wellenfunktion des Universums beschreibt», wie Stephen Hawking sie einige Jahre später bezeichnete.

Die Wheeler-DeWitt-Gleichung löste nicht alle Probleme der Quantengravitation, bildete aber die Basis für zahlreiche weitere Entwicklungen. Besonders an ihr hervorzuheben ist, dass sie ohne Zeit auskommt. Erstmals kam unter Physikern der schreckliche Verdacht – oder die stille Hoffnung – auf, dass die Zeit kein fundamentaler Bestandteil der Wirklichkeit sei. Demnach würde sie zur Beschreibung des Universums auf grundlegender Ebene gar nicht gebraucht.

Wheeler und DeWitt beschreiben ein Universum, das sich, in der Zeit erstarrt, nicht weiterentwickelt, als stecke es in einem einzigen ewigen Augenblick fest. Eine Vision, die an manche mittelalterlichen Mystiker erinnert, für die die Zeit in der Ekstase der Einswerdung mit der Ewigkeit stillsteht.

In den nachfolgenden Jahren wurden verschiedene Ansätze für die Quantengravitation entwickelt. Die beiden vielversprechendsten bilden bis heute regelrechte Denkschulen, die sich in mancher Hinsicht widersprechen und im Widerstreit miteinander liegen: die Stringtheorie und Schleifenquantengravitation oder Loop Quantum Gravity (LQG).

Die Bezeichnung «Stringtheorie» fasst in Wirklichkeit eine ganze Vielfalt an theoretischen Modellen zusammen. Allen gemeinsam ist die Annahme, dass die elementaren Bestandteile der Materie keine Korpuskel in der Größe null, also punktförmige Teilchen, sondern schier unendlich kleine Strukturen mit einer Ausdehnung, Fäden oder winzige schwingende Saiten sind. Die Elementarteilchen des Standardmodells wären demnach die makroskopische Manifestation der räumlichen Bewegung solcher winzigen Strings. Deren Theorie soll es ermöglichen, die fundamentalen Wechselwirkungen zu einem Ganzen zusammenzuführen und die Quantenmechanik mit der Allgemeinen Relativitätstheorie zu vereinheitlichen – unter der Voraussetzung, dass zahlreiche räumliche Extradimensionen angenommen werden. Erreichbar waren diese neuen Freiheitsgrade allerdings nur in den allerersten Augenblicken im Leben des Universums, in denen noch gewaltig hohe Energien im Spiel waren. In der uns umgebenden kalten und alten Welt sind diese auf so winzige Größen begrenzt, dass sie sich nicht einmal mit den Kollisionen des LHC erkunden lassen.

Erstmals vorgeschlagen wurde die Stringtheorie Ende der Sechzigerjahre von dem großen italienischen theoretischen Physiker Gabriele Veneziano (*1942), der damals am CERN forschte. Edward Witten (*1951), US-Physiker und Mathematiker mit Lehrstuhl in Princeton, gilt dagegen als Vater

Der Traum, Chronos zu töten

einiger umfassender und besonders vielversprechender Modelle wie der Theorie der Superstrings und der M-Theorie, einer weiteren Verallgemeinerung des gleichen Ansatzes.

Auf dem zweiten Forschungsfeld, bei der Schleifenquantengravitation, ist die Ausgangslage völlig anders. In ihr richtet sich die Aufmerksamkeit weniger auf die Zusammensetzung der Materie als vielmehr auf die Eigenschaften des Szenarios, in dem sich diese manifestiert: auf die Raumzeit selbst. Die von Einstein gemutmaßte regelmäßige Struktur wird als ein feinkörniges System konzipiert. Der Raum, in den winzigsten Größen betrachtet, ist demnach nicht mehr das *Kontinuum*, als das er uns bislang erschien, sondern ein diskretes Gewebe aus feinsten Körnchen, sogenannten *Loops* oder Schleifen. Von dieser Hypothese ausgehend, wird die Quantisierung der Gravitation zu einer natürlichen Konsequenz. Aber wie sich dabei zeigt, verschwindet die Zeit – ähnlich wie bei der Wheeler-DeWitt-Gleichung – aus den Grundgleichungen.

Erstmals vorgeschlagen wurde die mit LQG abgekürzte Theorie 1988 von Lee Smolin (*1955), einem US-Physiker, der gegenwärtig am Perimeter Institute in Waterloo bei Toronto in Kanada forscht, sowie von Carlo Rovelli (*1956), einem italienischen theoretischen Physiker, der heute auch für seine allgemeinverständlichen und weltweit verbreiteten Bücher bekannt ist.

Dass in der LQG die Grundgleichungen, die die Welt beschreiben, keine Zeitvariable enthalten, hat großes Aufsehen erregt. Auf der Ebene der Grundbestandteile soll die Zeit zu einem überflüssigen Konzept werden. Für die Verfechter der LQG wäre die Funktionsweise des Universums in seinem feinsten Gewebe besser zu verstehen, wenn dieser unnütze Ballast ein für alle Mal über Bord geworfen würde.

Häufig von Massenmedien aufgebauscht, machten vorschnelle Festlegungen Schlagzeilen: «Die Zeit existiert nicht»; «Die Physik kommt ohne die Zeit aus»; «Die Zeit ist nur eine Illusion». Deswegen hat jemand Smolin und Rovelli mit dem Spitznamen «Mörder der Zeit» belegt.

Nosferatu

Obwohl nicht die erste Verfilmung von Bram Stokers Roman, beflügelte Friedrich Wilhelm Murnau (1888–1931) mit *Nosferatu* das kollektive Vorstellungsvermögen so sehr, dass dieser Streifen fast hundert Jahre nach seiner Entstehung sämtlichen Filmen des Horror-Genres immer noch als Inspirationsquelle dient. Mit der geheimnisumwitterten Figur des Grafen Orlok schuf dieser Meister des deutschen Expressionismus den Inbegriff des Grauens. Der «Untote», der sich in einem Sarg vor dem Sonnenlicht verbirgt und von Menschenblut nährt, wurde zum Vorläufer einer langen Reihe von Kinovampiren, die bis heute Generationen von Zuschauern das Gruseln lehren und dabei faszinieren. Eine Figur, die häufig von der Angst vor der eigenen Unsterblichkeit gepackt und vom Zwang umgetrieben wird, jede Nacht töten zu müssen, um weiterleben zu können.

Der Traum, Chronos zu töten

Wie der «Untote» in der Sage ersteht anscheinend auch die Zeit immer wieder auf. Sie erhebt sich aus ihrem Sarg, wandelt weiterhin unter uns und vereitelt alle illusorischen Versuche, sie umzubringen und ein für alle Mal unter die Erde zu bekommen. Denn auch für die wissenschaftlichen Theorien, die wie die LQG davon ausgehen, dass sie verzichtbar sei, sind die Dinge in Wahrheit weitaus komplizierter, als es den Anschein hat. So heben deren Unterstützer nachdrücklich hervor, dass die Zeit eben nicht ganz verschwinde: Wenn sich der Raum in einer Art infinitesimalem Schaum auflöse, falle sie aus der grundlegenden Schicht heraus, gehöre also nicht mehr zu den entscheidenden Bestandteilen der mikroskopischen Welt. Aber sie hüten sich davor, die Realität der Zeit zu leugnen, die in der Welt am Werk ist. Sie erweise sich nur als eine sekundäre, abgeleitete Eigenschaft, die sich erst aus komplexen Systemen ergebe. Zur Geltung komme sie erst, wenn sich im Raum gewaltige Ansammlungen aus Atomen und anderen Teilchen zusammenballen. Die thermische Zeit, beherrscht von der Thermodynamik und der unaufhaltsam wachsenden Entropie, bleibe in der makroskopischen Welt eine entscheidende Akteurin. Dass sie ihre Stellung als grundlegendes Element verloren habe, tue dem unablässigen Wirken der Prozesse von Verschleiß, Alterung und Tod, die unser Universum kennzeichnen, keinerlei Abbruch.

Auch sei daran erinnert, dass es sich bei der Stringtheorie wie bei der Schleifenquantengravitation nur um Hypothesen handelt, die trotz ihrer Eleganz experimentell keineswegs bewiesen sind. Solange überzeugende empirische Nachweise fehlen, sind abschießende Behauptungen, wie man sie in Zeitungen liest, völlig fehl am Platz: «Die Physik sagt uns, dass wir in einer Welt mit zehn Dimensionen leben» oder «Die Wissenschaft hat entdeckt, dass die Zeit nur eine Illusion ist».

Als experimentelle Physiker müssen wir in unserer Arbeit sämtliche Modelle, die von den theoretischen Physikern erstellt werden, ernsthaft in Betracht ziehen und haben es bei der Quantengravitation gleich mit Dutzenden davon zu tun. Selbst wenn uns klar ist, dass die meisten – schon wegen ihrer Widersprüchlichkeit – in die Irre gehen, unterziehen wir sie in demokratischer Manier allesamt einer Überprüfung. Die Ergebnisse von Experimenten entscheiden darüber, wer Recht hat oder falsch liegt. In Betracht ziehen müssen wir sogar Hypothesen, die völlig verkehrt erscheinen: Die Natur könnte ganz andere Wege gegangen sein, als wir bislang meinten. Da dies in der Vergangenheit schon mehrfach vorkam, müssen wir uns auch darauf gefasst machen, dass experimentelle Ergebnisse etwas ganz Unerwartetes zeigen, ein ganz neues Phänomen, das bislang noch keine Theorie vorhergesehen hat.

Unleugbar ist es nach jahrelanger Forschung bislang noch immer nicht gelungen, überzeugende Belege vorzubringen, um eine der beiden Hypothesen zur Quantengravitation zu erhärten. Beide Annahmen sind plausibel, aber keine der beiden wurde bestätigt. Es tauchten keine neuen Zustände der Materie auf, die auf die Präsenz von räumlichen Extradimensionen hindeuten, und auch keine supersymmetrischen Teilchen, die von der Superstringtheorie vorhergesagt werden. Die «Raumkörnchen» der Schleifenquantengravitation sind so winzig – 10^{-35} m –, dass an eine direkte Beobachtung nicht zu denken ist. Aber sollte die Theorie stimmen, müsste sich dies in winzigsten Effekten auf kosmischer Skala widerspiegeln. Aber von diesen seltsamen Phänomenen wurde bislang noch kein einziges beobachtet.

Vielleicht sind unsere Instrumente einfach nicht ausreichend empfindlich oder eine der beiden eleganten Hypothesen ist völlig verkehrt. Aber womöglich wurde die richtige Lösung noch gar nicht ins Auge gefasst, und beide Theorien sind falsch. In Zweifel und Unsicherheit zu leben, gehört zu den faszinierendsten Privilegien unserer Arbeit.

Inzwischen hat Smolin, ein besonders gnadenloser «Mörder der Zeit», als Bestätigung dafür, wie geschwind sich die Dinge auf dem Gebiet der Hypothesen ändern können, seine Untat offenbar bereut. In neueren Arbeiten wechselt er radikal die Perspektive und schlägt eine frische Variante der Theorie vor, in der die Zeit als grundlegende Variable wieder auftaucht, während jetzt der Raum zur Illusion wird.

Dabei geht er von der Quantenverschränkung aus, einem Prozess, der korrelierte materielle Zustände miteinander verkoppelt. Sie ist eines von zahlreichen Phänomenen der Quantenmechanik, an deren Erklärung wir immer noch scheitern, obwohl sie zahllose Male experimentell bestätigt wurden. Wenn in einem Beschleuniger ein Paar aus Teilchen und

Zwischen ephemeren Existenzen und ewigen Lebensdauern

Antiteilchen entsteht, sind zwar die Eigenschaften des kombinierten Systems bekannt, aber die individuellen Merkmale der einzelnen Teilchen bleiben so lange unbestimmt, bis eine Messung erfolgt. Die Quantenmechanik sagt uns, dass beide Teilchen in ihrem Flug schwingen. Nach ihrer Trennung voneinander können sie auch entgegengesetzte Richtungen einschlagen, dabei sämtliche Zustände durchlaufen und sich ständig ins jeweils andere umwandeln. Ihre absolute Freiheit endet in dem Augenblick, in dem eines von beiden mit dem Detektor in Wechselwirkung tritt. Durch die Messung kippt es in einen wohldefinierten Zustand, zum Beispiel den eines Antiteilchens. Von da an besteht die Gewissheit, dass sein Gefährte selbst in kilometerweiter Entfernung seine Freiheit verloren hat: Ab dem Moment muss dieser sich zwangsläufig wie ein Teilchen verhalten.

Dies scheint auf eine instantane – also nicht zeitverzögerte – Fernwirkung der Quantenverschränkung hinzudeuten, denn wir haben nicht die blasseste Ahnung, wie die Information sonst mit unendlicher Geschwindigkeit übermittelt werden könnte. Für manche ist die Verschränkung der Beweis für den nichtlokalen Charakter der Theorie, während andere ein neues Erhaltungsgesetz vermuten, von dem wir bislang noch gar nichts wissen.

Anstatt für eine Wirkung ohne Zeitverzug hält Smolin sie für den sichtbarsten Beweis für ein vom Raum unabhängiges Phänomen, das sich so verhält, als gäbe es gar keinen Abstand zwischen den beiden Teilchen. Das stellt die Perspektive auf den Kopf: Die Zeit ist ein grundlegender Bestandteil,

Der Traum, Chronos zu töten

während der Raum nur ein Nebenprodukt ist, eine Struktur, die aus ihr hervorgeht und die Merkmale einer Illusion erfüllt. Im Kern besteht das Universum aus Ereignissen, die mit anderen in Verbindung treten, und diese Gesamtmenge bildet ein Beziehungsgeflecht. Dabei geht der Raum aus dessen grober und grob angenäherter Beschreibung hervor.

Wie man sieht, kennt die Kreativität der Wissenschaftler keine Grenzen, wenn es um die Suche nach dem richtigen Weg geht, um die Herausforderung des Jahrhunderts zu bewältigen: eine Quantengravitationstheorie zu erstellen, die experimentell bestätigt wird. Nach einigen dieser Hypothesen muss die Zeit offenbar ins Reich der Illusionen verbannt werden, aber dieser Annahme, so faszinierend sie sein mag, fehlt nicht nur jedwede Bestätigung, sie lässt auch eine ganze Reihe von Problemen ungelöst.

Soweit wir wissen, hat die Zeit eine höchst bedeutende Funktion, und das nicht nur in der Welt der makroskopischen Körper, in der die Materie ununterbrochen Wandlungen durchläuft und in der biologische Organismen altern und sterben. Wie wir sahen, spielt die Zeit auch in der mikroskopischen Welt der Elementarteilchen weiterhin eine wesentliche Rolle. Sie ist eng verknüpft mit dem Raum der Allgemeinen Relativitätstheorie, mit der Energie der Unschärferelation und mit den mächtigen allgemeinen Symmetrien von Ladung und Parität, die die elementaren Prozesse beherrschen. Durch die Abschaffung der Zeit drohen viele grundlegende physikalische Gesetze, die so wichtig sind, dass sie eine Art Rückgrat unseres materiellen Univer-

Zwischen ephemeren Existenzen und ewigen Lebensdauern

sums bilden, ins Wanken zu geraten. Das gefährdet die Stabilität des gesamten Bauwerks.

Trotz der zahllosen Versuche, Chronos zu töten oder an den Rand zu drängen, zeigt er sich untrüglich immer noch höchst lebendig.

Epilog

Die kurze Zeit

In diesem Januar 1941 herrschte Eiseskälte in Görlitz, einer kleinen Stadt in Ostdeutschland, die heute direkt an der polnischen Grenze liegt. Nach Hitlers Überfall auf das Nachbarland hatte die deutsche Wehrmacht das Kriegsgefangenenlager Stalag VIII-A eingerichtet. Das einstige Lager der Hitlerjugend war bei Kriegsausbruch erweitert und umgebaut worden, um in der ersten Phase des Konflikts Tausende polnischer Kriegsgefangener zu internieren. Nach deren Verschleppung in andere Lager trafen in Görlitz die belgischen und französischen Soldaten ein, die während des Frankreichfeldzugs in deutsche Hände gefallen waren. Über dreißigtausend Kriegsgefangene lebten dort zusammengepfercht unter erbärmlichen Umständen, darunter der junge französische Musiker Olivier Messiaen (1908–1992).

Messiaen hatte seine große Leidenschaft für Musik bereits im Kindesalter entdeckt, als er sich *Pelléas et Mélisande*

Epilog: Die kurze Zeit

anhörte, eine Oper in fünf Akten Claude Debussys, des Sohnes eines Kommunarden. Mit elf Jahren trat er ins Pariser Konservatorium ein, wurde einer der besten Schüler, gewann Preise und erhielt Auszeichnungen. Er war ein exzellenter Pianist, komponierte und spielte als Organist in verschiedenen Kirchen der Stadt. Als glaubenseifriger Katholik fühlte er sich der Tradition eng verbunden, begeisterte sich aber für sämtliche musikalischen Formen, auch für die urwüchsigen der griechischen Welt und für die traditionellen indischen Rhythmen. In seiner Begeisterung für den Vogelgesang wurde er zu einem Experten der Ornithologie. 1932 heiratete er mit vierundzwanzig Jahren Claire Delbos, eine Violinistin und Komponistin, die ebenfalls am Konservatorium studiert hatte. Unsterblich ineinander verliebt, traten beide gemeinsam auf, und Olivier komponierte zur Feier ihres Glücks eigens Stücke, eines zum Beispiel zur Geburt ihres Sohnes Pascal 1937.

Mit Ausbruch des Krieges zerbricht schlagartig das Idyll. Messiaen wird als einfacher Soldat zu den Waffen gerufen, wenn auch als Musiker für eine Musik- und Theatergruppe der Zweiten Armee. Mit anderen Soldaten muss er Aufführungen organisieren, um die Moral der Truppe zu heben, aber die Panzerdivisionen in Hitlers Blitzkrieg zersprengen die Aufstellung der französischen Verteidiger. Messiaen landet mit Tausenden anderen Soldaten in Kriegsgefangenschaft.

Das Leben im Görlitzer Lager ist schrecklich hart. An der unmenschlichen Behandlung sterben täglich Dutzende Gefangene. Unter den jungen Soldaten macht sich finsterste

Epilog: Die kurze Zeit

Verzweiflung breit. Keiner weiß, ob er seine Angehörigen je wiedersieht oder am nächsten Tag noch am Leben ist.

Unter diesen furchtbaren Umständen stürzt sich Messiaen in die Arbeit an einem Kammermusikstück und beschließt – als eine noch verrücktere Idee –, es im Lager vor den Gefangenen aufzuführen. Am 15. Januar 1941 zeigt das Thermometer vor der Baracke mehrere Grade unter null an, als Messiaen sein Klavierspiel eröffnet, bei dem ihn drei weitere internierte Soldaten begleiteten: Jean Le Boulaire an der Violine, Henri Akoka an der Klarinette und Étienne Pasquier am Violoncello. Die Instrumente sind improvisiert, den Streichern fehlen Saiten, die Tasten des Klaviers klemmen leicht in der Kälte. Dies ist die Uraufführung des *Quatuor pour la fin du temps* («Quartett für das Ende der Zeit»).

Die Inspiration zu seiner Komposition verdankt Messiaen den Versen der Offenbarung des Johannes. Er hat beschlossen, die kurze Zeit, die ihm noch zu bleiben scheint, zum Komponieren eines Werkes zu nutzen, das in diesen Tagen des Grauens Erlösung bringen soll. Musik wird ihm und den anderen Gefangenen über die Kälte, den Hunger und die täglichen Demütigungen hinweghelfen. Die musikalische Reflexion über das Ende der Zeit ist als Trostbringer für den Komponisten, die ausführenden Musiker und vor allem die Hunderte Zuhörer gedacht, die in absoluter Stille, schweigend und mit Tränen in den Augen lauschen.

Wie Jaromir Hladik, den wenige Augenblicke vom markerschütternden Einschlag der Projektile trennten, wollte auch Olivier Messiaen die kurze ihm verbleibende Zeit dazu nutzen, um sich selbst, seinen Leidensgenossen und der ganzen Welt ein neues Werk zu schenken. In diesem blitzartig entstandenen Stück Schönheit sollten Menschen, die schlimmste Trennungen und Demütigungen erlitten, Trost finden und sich in einer Gemeinschaft aufgehoben fühlen können.

Die Geschichten von Hladik und Messiaen erinnern uns daran, dass unsere Lebenszeit, um die wir uns so sehr sorgen, ein Geschenk, also eine Gabe ohne Gegenleistung, ist. Ob kürzer oder länger, ist sie uns als Gut bedingungslos anvertraut. Jeder von uns beklagt das Verrinnen der Zeit und ängstigt sich beim Gedanken an ein allzu frühes Ende. Dabei vergessen wir ganz, dass wir nichts tun mussten, um in die Zeit der aufeinanderfolgenden Generationen einzutreten. Durch einen biologischen und materiellen Mechanismus, der weitaus größer ist als wir, sind wir Teil dieses langen Zyklus von Geburt und Tod. Einmal und rein zufällig in die Generationenfolge eingetreten, müssen wir die uns kostenlos zur Verfügung gestellte Zeit nur noch gut nutzen. Und wären es auch nur wenige Augenblicke.

Bleibt die Frage nach dem tieferen Sinn der Zeit. Nachdem wir die zahlreichen Aspekte untersucht haben, zu denen die moderne Wissenschaft eine eindrucksvolle Fülle an Fakten gesammelt hat, sind noch sehr viele Fragen offen.

In Wahrheit wissen wir immer noch nicht, was die Zeit ist. Aber wie wir sahen, spielt sie in allen Winkeln, welche die Physik bis heute erkundet hat, eine grundlegende Rolle. Und es sei daran erinnert, dass sie dabei einen Bereich abdeckt, der sich über rund vierzig Größenordnungen erstreckt. Sicher vergeht noch sehr viel Zeit, bis es gelingt, die uns umgebende Welt zu beschreiben, ohne auf dieses Konzept zurückzugreifen.

Im Augenblick kann niemand sagen, ob eine Zeit, in der die Wissenschaft die Zeit nicht mehr braucht, jemals kommen wird.

Danksagung

Ich möchte vielen Menschen danken, die mir Anregungen gaben, um dieses Buch zu verwirklichen.

Ich erinnere vor allem an Remo Bodei, einen Freund, der uns kürzlich verlassen hat. Mit ihm hatte ich gemeinsame Begegnungen mit dem Publikum, die zugleich Gelegenheit zum Ideenaustausch und zu interessanten Diskussionen gaben. Einige von ihnen klingen in verschiedenen Teilen dieses Buchs nach.

Mein besonderer Dank gilt Angelo Tonelli, der mir Anleitung gab, als ich mich in die entlegensten Mäander des Zeitbegriffs bei den alten Griechen hineinwagen musste.

Ich danke Emanuela Minnai und Alessia Dimitri für ihre Begeisterung, als sie mich dazu anspornten, an diesem Buch zu arbeiten.

Dankbar bin ich meinen ganz lieben Freunden Beppe Corlito, Nanni Odoni, Antonello Mattone, Andreina Tocco und Antonio Capitta für ihre Ratschläge und Hinweise.

Danksagung

Schließlich geht ein spezielles Dankeschön an Luciana, nicht nur für ihre vielen wertvollen Beiträge, sondern auch für ihre sorgfältige Lektüre des Manuskripts, bei der sie mich auf Leerstellen und stilistische Schwächen hinwies. Ohne ihre unermüdliche Hilfe und ständigen Ermunterungen, den Gesamttext zu verbessern, wäre dieses Buch nicht erschienen.